年心理导航丛书

少年如何塑造个性心理

姜越 编著

吉林人民出版社

图书在版编目(CIP)数据

青少年如何塑造个性心理 / 姜越编著 . -- 长春：
吉林人民出版社, 2012.4
(青少年心理导航丛书)
ISBN 978-7-206-08538-3

Ⅰ.①青… Ⅱ.①姜… Ⅲ.①青少年－个性心理学
Ⅳ.①B848

中国版本图书馆 CIP 数据核字(2012)第 048313 号

青少年如何塑造个性心理

QINGSHAONIAN RUHE SUZAO GEXING XINLI

编　　著：姜　越
责任编辑：门雄甲　　　　　　　封面设计：七　洱
吉林人民出版社出版 发行（长春市人民大街7548号　邮政编码：130022）
印　　刷：北京市一鑫印务有限公司
开　　本：670mm×950mm　　　　1/16
印　　张：10　　　　　　　字　　数：70千字
标准书号：ISBN 978-7-206-08538-3
版　　次：2012年7月第1版　　　印　　次：2023年6月第3次印刷
定　　价：35.00元

如发现印装质量问题,影响阅读,请与出版社联系调换。

目　　录

青少年如何塑造个性心理

目　录

从悦纳自己开始

李梅曾经很为自己的内向性格而苦恼。她想改变自己，像女娲那样重新造一个"自己"，可是到头来却白费力气。

她无法像健谈的人那样在众人面前谈笑自如、妙语连珠；无法不见了生人就羞涩脸红，无法不喜欢躲在一隅沉默无语、胡思乱想，无法不打怵应酬交际。

悲哀笼罩着她沉重的心，痛苦像海浪用长长的绳索套在岩石上，时时缠绕，无法排遣。她不快活，以至于痛苦地哭了。

她的男友解脱了她的烦恼："为什么要像别人一样呢？你就是你，都一样就没有个性了，要知道，我喜欢的就是这样的你呀！"

从此她不再苦恼，在这个世界上，毕竟还有别人欣赏自己，而自己为什么就不能悦纳自己呢？为什么我要改得和别人一样呢？我应该有一个不同于他人的"我"。不管这个"我"是什么样，只要她是真诚的、善良的，就是美的。

当她不再抱怨自己的时候，她发现了自己的美：感情细腻丰富，善于倾听朋友苦恼时的倾吐，是一个忠实、耐心、可信赖的朋友，温柔敏感，善解人意，充满东方女性味的内向，文静寡言，含蓄深沉。

但是，我们有许多人，尤其是青少年，由于过分关注自己的形象，而对自己百般挑剔，还不能像李梅这样由挑剔转为悦纳自己。

训练指导

挑剔自己是因为自己认为还有不令人满意的地方。例如个子矮了，眼睛小了，身材胖了，不会交际了，办事不明白了，学习不好了，甚至连手脚长得不好了，头发不顺了等等。极少听谁说"我什么都好"。是的，人无完人吗，但有些挑剔是完全不必要的，诸如关于身材方面的。自尊自爱的人是不会对自己妄加批判的。一个成功者也永远不会挑剔自己。所谓"自尊自爱"，就是根据你的意愿将自己作为一个有价值的人而予以悦纳。悦纳，则意味着毫无抱怨。思想健全、人格健全的人从不抱怨，而挑剔自己的人常常在抱怨、牢骚中求得慰藉。这本身就是一种消极的做法。

向别人诉说你不喜欢自己的地方，只能使你继续对自己不满。因为别人对此几乎是无能为力的，至多只能加以否认，可你又不会相信他们的话，要结束这一无益和讨厌的行为，只需要问一个简单的问题："我为什么要讲这些？""他能帮助我解决这个问题吗？"假如这样的后果是：既没有解救自己，又影响了别人的情绪，那么抱怨显然是荒唐可笑的。与其浪费时间，不如把本来用于抱怨的时间用来进行"自爱"活动，比如默声自我赞扬，比如帮助别人实现其愿望等。

抱怨和一般的倾诉是不同的。当别人可以通过某种方式帮助你时，你向他们倾诉自己的不快，可以获得解决问题的途径。但抱怨是对别人施行的人格压迫，你明明知道别人无法分担你的烦恼，却依然用牢骚折磨别人的神经。这样做的后果只能使别人对你越来越讨厌。

抱怨自己是一种无益的行为，这样做会妨碍你真正的生活，促使你产生自我怜悯情绪，阻碍你努力给他人的爱并接受他人之爱。抱怨还使你难以改进你与他人的感情关系，不利于你扩大社会交往。尽管抱怨行为有时会使你引起别人注意，但其"注意"是负面的，让人认为你是一个喋喋不休、只知挑剔难以相处的人。

如果你想不加抱怨地接受自己，就必须懂得，"自爱"和"抱怨"是绝对互相排斥的。你想成为一个自尊自爱的人，那你就毫无理由向那些无力帮助你的人发出抱怨。如果你在自己或别人身上发现你所不喜欢的东西，你可以采取积极的态度和必要的措施加以改正，而不应抱怨。悦纳自己并不意味着你的一切都完美，而是说你在接受自己优点的同时也明了了你的缺点，优缺点集于你的一身，你不能因为有了缺点就对自己耿耿于怀，而是很坦然地承认自己的缺点，并在今后的日子里，不断地克服缺点，逐渐塑造优秀的自我形象。悦纳自己也不意味着只有类似于自己的人才是值得交往的。能够悦纳自己的人也应该能够悦纳他人。长长的秀发是一种美，清纯活泼的短发也是一种美；落落大方是一种美，委婉含蓄也是一种美；沉稳平静是一种美，开朗活泼也是一种美……能够欣赏到各种不同的美，你也就学会了悦纳自己和他人。可能，在生活中，你曾听过别人说你的某些做法错了，这曾令你困扰过、自责过，但你不必为此消沉，你应像悦纳自己的其他方面一样悦纳你的处世方式。无论你怎么做，你都不能渴望得到所有人的赞美，因为站在不同角度的人的看法自然是不会相同的，因而你不必为不能迎合所有人的意图而自责。

悦纳自己，你会发现自己原来并不像你过去曾认为的那样差，悦纳自己将会使你不断地完善自己，悦纳自己将会使你自信地面对生活，走向成功。

拖延是成功的大敌

　　一直记得可怜的寒号鸟的故事。寒号鸟度过了炎热的夏天，开始了凉爽秋天的生活。它把在夏季没能玩的都在秋天补上，每天只顾到处飞，找东西吃。累了，晚上回来就睡觉。后来天气越来越冷，它也看到乌鸦、麻雀都在忙着做窝，它想明天再做吧。但是晚上冷风吹得它直发抖，于是它颤抖地哀号："哆啰啰，哆啰啰，寒风冻死我，明天就搭窝。"第二天早晨阳光明媚，它想趁现在天好，赶紧玩吧。到了晚上，天气更冷，它冷得难以入睡，于是又哀号："哆啰啰，哆啰啰，寒风冻死我，明天就搭窝。"第二天照样阳光明媚，它又想还是先玩吧，明天再垒巢。终于在一个晚上，寒号鸟在夹缝中哀号着"哆啰啰，哆啰啰，寒风冻死我，明天就搭窝"中冻死了。

这虽然只是一个寓言故事，但它却说明了在某些人身上所存在的一种不良个性，即拖延。拖延是惰性的一种表现形式，其意即是把应该立即做的事情缓至将来，该做的不做，会做的不做，想做的不做，能躲则躲，能逃则逃，能拖则拖，完全用懒汉哲学支配自己的行动。实践表明，拖延是成功的大敌。在兵战中，拖延会贻误战机，对个人来说，拖延又会耽误个人前途。深究拖延的心理原因，主要有如下几个方面：

1．依赖心理。凡事总寄希望于他人，或由他人代做，或等他人的吩咐与指示，若要自己单独面对，便束手无策，拖延下去。

2．恋旧心理。这是一种深层的惰性心理，深怕新事物带来适应上的困难或破坏已有的既得利益。所以面对创新或改革总是一拖再拖。

3．自卑心理。面对要做的事情总是怀有畏难情绪，自我击败，"我做不好""等我有精力的时候再做""还是由别人来做好"，因而拖延下去。

4．消极心理。"哀莫大于心死"，对什么事都不感兴趣，办什么事都是躲、拖，实在躲不掉、拖不过的，也只是敷衍了事。

5．意志薄弱。面对困难的事情，不能坚持做完，而是一拖再拖。

6．缺乏责任心。对己、对人、对社会都缺乏责任感，害怕承担责任，因而就逃避工作。非做不可的时候，只好拖拖拉拉，蒙混过关。

7．对抗挑衅。对不满的老师、领导所吩咐的事采取消极对抗

的拖延方式，借此表示自己的不满、不尊。如迟交作业、拖延工作等。

8. 环境影响。一个人在单一环境里呆的时间太久以后，不再拥有好奇心、新奇感和进取热情，所以学习、工作起来往往"做一天和尚撞一天钟"，凡事拖延，不求进取。

根据这些心理原因，可以采取下列措施克服拖延行为：

1. 端正认识，悦纳自我。端正认识有三方面的内涵：其一，端正对人生的认识，即人生观，应当记取人生的价值在于奉献，奉献越大，价值越大；其二，端正对成功的认识，应当记取成功在于奋斗、在于创造、在于进取、在于勤奋，应彻底摆脱听天由命的宿命论思想；其三，端正对自我的认识，即要对自己的能力、气质、性格、理想、信念、动机、兴趣、知识结构、智力水平、思维方式、生存环境、发展优势与不足等都要有清晰的认识。可以将所有这些问题都列出来写上你的答案。自我认识的目的是对自己做出一分为二的评价，肯定自我，悦纳自我，而后或扬长避短，或以人之长补己之短，从事于自己的工作，不断发展自己。只有悦纳自己，才能以积极的心态从事于工作和学习；相反，一个自我否定的人，只能以消极的心态应付了事，因而具有拖延作风也就不可避免。

2. 超越自卑，树立自信。有了坚定的自信心，人就有做事的勇气，因此可以消除退缩行为，战胜拖延作风。超越自卑的方法在本文已提到过，这里不再重复。

3. 弃旧图新，勇于创造。恋旧、平安、求稳，这是普遍存在的趋稳定的惰性心理，往往表现为拖延。因而要克服拖延，就要勇于弃旧、勇于创新，敢破敢立才有希望，希望之光可以消除拖延的疑云。

4. 磨炼意志，迎难而上。意志坚强的人永远不会被困难吓倒，也不会故意拖延，而是以积极的斗争求得胜利。

5. 与人为善，满怀热情。相信"好心必有好报""敬人者，人恒敬之""爱人者，人恒爱之"，如此方能满怀热忱、善待他人，在工作中才能以应尽的责任心克服拖延。

6. 热爱学习、工作。改变对学习、工作的认识至关重要。一要把工作、学习视为生存的第一需要，强化学习与工作的动机和兴趣；二要明白学习和工作各有其利与弊、苦与乐，要善于发现其中的乐趣；三要相信行行出状元，成功与否并不在于单纯的学习成绩和工作的种类，而在于在今后的工作岗位上能否出类拔萃。只有这样才能战胜工作中的惰性行为。

7. 改变环境，激发好奇心。可以调换学习、工作、生活的环境，或者对现存环境加以改进、创造，增添新的气氛，这样有助于激发人的好奇心和工作及生活热情，增强人的活力，减少人的惰性。

8. 自我监督，及时纠正。一个人为自己确立了各方面的行为准则以后，要努力地遵照执行，这就需要加强自我监督，如有违反，及时提醒、纠正，不可原谅或迁就自己，否则就是拖延。人的最大错误不在犯错误本身，而在于原谅和迁就自己的错误。所以，要想战胜拖延，消除惰性，就得从不原谅自己的错误做起，注重自我监督，即时纠正自己的错误行为。

9. 将自己已经由于拖延而造成教训的事件找出来，列到纸上，每天看一遍，以此激励自己再也不要拖延。

心底无私天地宽

　　一个年轻人总是闷闷不乐。于是，他去问上帝："怎样才能快乐呢？"上帝说："我带你去地狱和天堂看一看吧。"年轻人随着上帝来到地狱，发现地狱中的人都围着一口大锅坐着，大锅里煮着鲜美的肉，每个人手里都拿着一个手柄极长的勺子可以舀到肉，但却送不进自己的嘴里。虽然围着肉，但每个人都愁眉苦脸，一个个都饿得皮包骨头。然后上帝又带年轻人来到天堂，天堂中的人和地狱中的人一样，也都围着一个肉锅坐着，手里拿的也是手柄极长的勺子，所不同的是天堂里的人一个个红光满面，喜气洋洋。年轻人不解地问上帝："为什么天堂和地狱的情况都一样，而天堂里的人和地狱中的人却完全不同呢？"上帝笑而不答，只说一会儿开饭的时候再带着年轻人看看。开饭的时候，年轻人又来到了地狱，发现地狱中的人都忙着用勺子盛着肉往自己嘴里送，可忙了半天也只能喝到一点儿汤；而在天堂却发现，天堂中的人互相喂着吃，自己将舀到的肉送到别人的嘴边，而自己则吃着他人送来的肉。于是他们吃得开开心心，日子也过得快快乐乐。上帝说道："年轻人，快乐的途径很简单，只要你肯帮助他人，那么你便找到了快乐的途径。"

训练指导

这虽然只是一个故事，但却说明一个问题，即无私助人的人将会由于帮助了他人而充满快乐，而自私自利的人则会因陷在追求个人私欲的满足中而苦恼不堪。然而现实生活中却有许多人不明此理，他们处处想到的是自己的利益而不顾别人。当代的青少年由于家庭环境、社会不良风气的影响，则更易产生自私的心理。自私的表现随处可见：

在家里，我是中心人物。看电视，我要看哪个台就看哪个台；我要买什么衣服就得给我买；吃东西我拣好的吃。我认识的一个女学生，在家吃瓜子的时候，抓出一把，把大的吃了，剩下小的放回去，由她爸妈吃。

在学校，谁也甭想占我便宜，我谁也不帮助。从来不借书、笔记、作业本给别人。自己买的东西也不给别人吃，但自己却去吃别人的。

在爱情上，自私者说的是"你能不能总对我好"、"如果你爱我的话，你应该如何如何"、"你应该学会做……"，似乎在建立恋爱关系中，在未来的婚姻生活中，他们不需承担任何责任，无须给予他人点什么。

自私一方面表现为不关注他人利益；另一方面则表现为过分

关注他人利益，其目的是要求他人更多的回报，以得到别人对自己的绝对无条件的服从。

但无论我们存在什么方面的自私、什么形式的自私，本想多得到点什么，结果却往往适得其反，不但什么也没得到，反而失去的可能更多。失去的可能是直接的，也可能是间接的；可能是立即可见的，也可能是许久之后才感觉到的。

自私使我们自己失去了良好的人际关系，而良好的人际关系是维系一个人心理健康的重要途径之一。

自私使我们受到了周围人的惩罚，导致了我们的孤独，造成巨大的心理压力。有许多迹象说明，大多数有心理问题的人，尤其人格变态者，其自私是一重要特点。

人并非生而私之，造成自私的原因主要有：

在家庭教育中，父母亲本身就是极端自私的人，相对会导致儿女自私性格的形成。这一方面是由于模仿父母的行为、父母的思维；另一方面是由于父母没有给予子女足够的幸福，易使子女将这种不满发泄在父母身上，并扩展到整个社会。

在过去的经历中，曾由于付出而没有得到回报，产生怨恨情绪，导致以后只求索取、不愿付出的自私心理的形成。

在社会生活中，由于看到了一些不完美、不公正的现象，这些现象与自己头脑中对社会的期望正好相反。青少年往往比较天真，相信社会是完美的、是公正的，人与人之间是友善的、互帮互助的，而当这种良好的极端思维遇到相反的现象时，就会从这个极端跳到另一个极端：人都是自私的。

有些人曾因自私而得到一点好处，至此就养成了自私的习惯。这种人往往重实利而忽略名誉问题，属常说的"不要脸"型。这种人往往会因一点小事就跟人斤斤计较，绞尽脑汁获取个人利益，易患胃溃疡、心脑血管疾病等。

个性是后天形成的，因而是可以通过后天的努力来改变的。青少年正处于个性形成和定型的关键期，改变起来也是极为容易的，因而当你察觉到自己自私的时候，可以采用下述方法加以纠正：

1. 交友法。多结交那些被公认为是慷慨大度、大方的人。你的周围一定会有这种人。跟他们在一起，你会学到他们的处世方法。不妨跟他们谈谈你的一些关于自私的想法。不要跟自私的、斤斤计较的人在一起。有句俗话说："守好邻学好邻"，选择朋友也同样如此。跟自私的人在一起，你会更加坚信"人都是自私的"，这不但不能改掉你的不良个性，反而会加重你的自私。

2. 认知改良法。一定要改变"人都是自私"的这一错误观念。社会上不可能事事完美、处处公正。多看看那些虽受到不公正待遇但仍然坦然处之的人，多看一些好文章，看看名人是如何对待他人的求助的。要经常强化以下观念："关心理解他人，是因为若没有他人，我们自己的一切也将受到伤害"，"关心他人，如果他人获得了满足，他人也将极大地使你得到满足"，"关心他人，会得到良好的人际关系，而良好的人际关系会使我们获得安全感，获得自尊，摆脱孤独，生活愉快"。

3. 行为疗法。改掉以前的不良行为，学习多帮助他人。当别人麻烦你时，尽量不要拒绝，在帮助他人的同时，你会体验到一种发现个人价值的快乐。将零用钱攒下来，捐给希望工程；走在大街上，看到讨钱的残疾人、小孩，不妨给他们一毛、两毛都没关系，关键在于你助人的行为；在家里，从多帮助父母做起；在学校，从多帮助同学做起；在社会，从帮助陌生人做起。坚持下去，你就会成为一个心底无私天地宽的无忧之人。

不要太在意别人的眼光

　　王宏是来自沂蒙山区的大学生。当他刚告别故乡的穷山恶水来到大都市读大学时，全班同学都为他那一口山东方言而头痛，有的人甚至瞧不起他。但是，王宏在上大学后不久就引起了他人的议论：仅凭他那除了自己谁也听不懂的外语水平竟对外语着了迷，并且每晚必到口语角去亮相，说上那么几句谁也听不懂的英语。口语角聚集的都是口语特别好的精英，因而他们班还没一个人跑去亮亮嗓子呢。同学们便流传起对王宏的评价："他那纯粹是癞蛤蟆上公路——硬装小吉普。""他学外语，唉，难呐。"还有的说什么"土鳖充洋"，总之说什么的都有，持肯定态度的寥寥无几，王宏自此"名声"大震。

　　光阴荏苒，四载大学时光转眼而过。毕业生洽谈会上，王宏以一口流利的英语侃侃而谈，向用人单位介绍自己，回答对方的提问，接着又用标准的普通话翻译一遍。王宏一时间成为抢手货，各用人单位争相用重金聘他。王宏又一次"名声"大震。而那些自己不敢去口语角反而嘲笑王宏的同学，则因断断续续的自我介绍而落聘，即便签了也没有好的单位。最终，王宏去了一个自己非常满意的单位，很快地升为部门经理。

训 练 指 导

很难想象，当初王宏如果迫于同班同学嘲笑的压力，或是担心别人听自己说外语而瞧不起自己，就此不敢去口语角，不敢光明正大地练习口语的话，他哪会有今天呢？

但是王宏没有考虑别人如何做、如何想，而是按照自己认为正确的去做，并最终取得了令人难以想象的成绩。这说穿了就是他克服了从众心理的影响。从众心理简单地说就是做事之前先想到别人会如何想、如何做，然后再按照大多数人的做法去做。这种心理就是从众心理。从众心理的产生主要有两种原因：一种是自己缺乏主见，遇事慌乱，不知该如何做，只好随大流，别人如何我如何；另一种是虽然自己有主见，知道自己选用的方法很正确，但怕别人说三道四而不敢采取行动，也只好随大流。

日常生活中，我们谁都免不了从众，但少数的几件事表现出从众不算什么，如果多数情况下都表现出随大流，尤其是基于以上两种原因而出现的从众，就是个性上的一种缺陷了。节假日来到了，同学们都借此机会大大地放松了，而你很想利用此机会将以前学过的内容整理一下，加深记忆，但又担心同学看到，说自己假积极，或讽刺地说一句"真用功啊"，只好放弃了学习，和大家一起打打闹闹。这便是从众心理在作怪。从中可以看到如果你屈从于从众心理，那么你学习的欲望、潜在的创造力都会被破坏殆尽。

从众心理还会使你成为一个应声虫，成为一个人云亦云的追随者。在某种程度上讲，从众心理是阻碍人们成功的最大障碍，它压抑了真知灼见的发表，扼杀了不同意见的产生，最终的结果是大家只用一个声音讲一种公认的但可能是错误的真理，不这样的话，就有可能受到惩罚。

国内外著名人士成功的例子无一例外地表明：成功者都是那些摒弃了从众心理敢说敢做者。青少年心理尚未成熟，缺乏识别能力，因而很容易产生盲目的从众心理。长期发展下去，从众就会成为个性的一部分，阻碍青少年的发展。因而青少年应从现在做起，努力克服从众心理的影响。克服从众心理，可以从以下几方面着手：

1. 思想上做好准备。不从众，就意味着敢于接受他人的白眼，穿别人给的小鞋。要做好接受挫折的思想准备。"我所选择的是正确的，不久你们就会发现的，到那时我就被人理解了。"

2. 改变认识。大家都认为对的未必就正确，"地心说"转为"日心说"就是一个明证。大家都做的未必就是正确的，因而不能用"别人会如何想""别人会如何做"来衡量自己的思想和行为。

3. 养成独立思考、有主见的品质。注重不惟上、不惟书、要惟实的精神，选择符合自己实际情况的方案。如在选报志愿时，如果自己的性格较内向，不善言谈，最好不要报师范院校或外语专业等，而应根据自己的特长选择合适的专业，不能看人家都报外贸专业，我也报；别人都考医学院校，你见血就晕也报医学院校。有主见就按照你自己的意见去办。

4. 敢于第一个吃螃蟹。对别人没做过的事，敢于尝试着去做一做，打破常规，也是摒弃从众的一种方法。你正年轻，错了可以再来。选择你认为正确的，"走自己的路，让别人去说吧"。

惰性的危害

　　一个丈夫懒得出了名，整天什么活儿也不干，就是睡醒了吃，吃饱了睡，他连手都懒得动，一切全靠他妻子照顾。他自己倒养得白白胖胖，而他妻子则因过度劳累而衰老。妻子自从嫁给他以后，为了照顾他，从没回过家。10多年过去了，妻子乡里的人捎来口信，说她母亲病重，老太太极渴望能见她一面。妻子一听，大哭，哭自己没有尽到孝心，她决定立即回家看望妈妈。但看到炕上懒惰成性的丈夫，她为难了。于是，她想出一个妙招，用白面烙了一个大饼，中间挖空，套到丈夫的脖子上，这样他就可以吃到饼了，又把水放到他伸手可及的地方，叮嘱他，饿了就用手拿着饼吃，别等着我喂你了，渴了就喝水。安排好了，妻子就匆匆忙忙地回家了。好不容易见到老母亲，老母已经认不出她了，第二天就辞世了。忙完了丧事，已经7天了，她担心丈夫，就又匆

匆赶回家，却发现丈夫已死。他脖子上的大饼只吃了下巴底下的几口，其他均未动，水也没动，这个懒丈夫是活活饿死和渴死的。

训练指导

生活中如此懒惰的人好像没有，但同样拥有惰性这一不良个性者却为数不少。

你有没有将要洗的衣服拖了又拖，直到感觉没有衣服穿了才不得不洗？你有没有将自己应做的事情推给他人？你有没有将做了一半的事情搁置不做了？你有没有计划得满满的，结果却什么也没干？你是否现在还有几封信没有回，或者有几封写好了却一直没邮？你有没有决定学外语、学电脑、学财会，却一直没有动手？你也许还有无事可干的空虚感觉吧？

如果你常会有以上几种现象出现，那么你需要警惕了，可能惰性已经形成了。

惰性对己对人都会带来不良影响。

惰性会消磨一个人的意志，削弱其斗志，使其空虚、无聊，甚至达到悲观厌世的程度，有的人为了排遣空虚，就逃避到赌博、游戏之中。青少年迷电子游戏、录像等，很大一部分原因就在于惰性所带来的空虚感无法排遣。由于惰性，不愿学习，不努力工作，荒废学习，耽误前程。

惰性还会给你周围的人带来麻烦：由于惰性，衣来伸手，饭来张口，你的父母只好为你做这做那，过度操劳；由于惰性你不愿学习，不愿做功课，你的父母还得督促你，身心两方面都受累；由于惰性，工作中你应做的没做，给其他同事造成麻烦，最终遭人厌烦，人际关系紧张。

惰性的形成与家庭的培养方式有关。父母怕孩子做不好事情，或心疼孩子，往往主动为孩子承担了一切杂务，这样等孩子长大了，形成依赖父母的习惯时，惰性也形成了，他就不会再勤快地去做自己分内的事了。这样形成的惰性还会扩展到其他方面。

惰性的形成还与畏难情绪有关。使其懒得做的事情往往都是很困难的、需要花费精力和毅力的。比如学外语、学电脑，外语需要花费大量的时间听、背、说、写，太困难了，再等几天吧；电脑也是如此。

惰性的产生还与依赖心理有关。依赖不仅指依赖具体某人，还指依赖时间及其他物品。如学外语认为还有时间，不着急，就这样，日子一天天过去，外语也没学成；懒得洗衣服，是因为还有衣物可穿，因此就拖着不洗了。

懒惰者的下场几乎无一例外的是平庸、失败。青少年风华正茂，对自己的未来充满了无限希望，谁都不希望自己的人生平庸、失败。如果你不想平庸，那么就丢掉惰性，有如卸下千斤枷锁一样，轻松地、勤快地去做你早就该做的事。

惰性既然已成为你个性的一部分，就带有一定的稳定性，不是立刻就能克服的。但也不能因此就说："既然这么难，我以后再改吧。"从现在开始，参照下列做法，坚持下去，就一定会摆脱你的惰性：

1. 认清惰性的危害。正如前面所说的惰性给自己、他人都会带来不良影响，受人厌烦，因而必须坚定克服惰性的决心。

2. 增强爱心，体贴他人。看看自己日渐衰老的父母，为了你，他们已经付出太多了，你难道还忍心将自己的事情推给他们吗？如果你多做点，他们就可以少做点，少受点累。父母因为你而欢喜，你不也很快乐吗？工作中尽量替别人着想，勤快一点儿，会使你受到别人的尊敬，并从而改善人际关系。

3．把属于自己应该做的事情列出来。这些事情都要由你自己来做，并规定好时间，限时完成，完成不了就自觉地加压。

4．减少依赖对象。例如告诉父母不要再帮你做你自己应做的事；缩短完成任务的时间，有计划地完成任务。

5．立即着手实施已有的打算。这会使你体会到勤快的益处，完成计划，不再有事情压迫着你了，你会发现心情变得轻松了，还会有精力再去进行其他的活动。

战胜怯懦

他出身于农民家庭，从记事的时候起，就觉得自己是在父亲的拳脚下长大的。他很怕父亲打他，从不敢惹是生非，经常受人欺负。四五岁时，有一次跟小伙伴一起玩手枪，不知怎么搞的，那手枪丢了，小伙伴咬定是他偷了，并逼他交出来。看看自己又瘦又小的身体，再看看小伙伴凶神恶煞的模样，他很胆怯，只好从家里拿来自己的手枪赔给了别人。从那以后，他再也不敢跟人一起玩什么东西了。在小学、中学他都受人欺负，别人叫他干什么他就干什么。别人值日，让他代值，他毫无怨言地值，因为不敢说。别人都叫他"胆小鬼"或"受气包"。上课回答问题也吞吞吐吐，涨红了脸也答不上来。有一次，上课时想上厕所，但不敢请假，最后竟尿湿了裤子。高中毕业没考上大学，参加了工作，在一个纺织厂做临时工。跟其他人相处长了，都知道他好欺负，

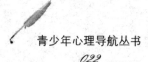

很软弱，因而人人都可以让他帮自己干活儿。做计件活儿，谁都可以从他那儿拿点儿。平时他也是众人交谈中的笑料。他拿的奖金与工资最少，因而父母均说他没出息、没本事，哪像个大男人，后来厂里减员，就把他刷下来了。家里人就更加数落他，拿白眼瞟他。不久，他由于长期的窝囊、憋闷，得了严重的神经衰弱。

训 练 指 导

显而易见，他的悲剧在于其懦弱的性格，因为怯懦，本来没偷小伙伴的手枪却被迫承认了；因为怯懦，他不敢拒绝替人值日；因为怯懦，他不敢阻止别人拿他的工作成果；因为怯懦，他不敢争取自己的奖金与工资；更由于怯懦，最终也不敢讲出心中的冤屈，以致得了神经衰弱。

作为一种以胆怯和懦弱为特征的性格缺陷，怯懦的基本表现是：胆小怕事，遇事好退缩，容易屈从他人，甚至逆来顺受，无反抗精神；进取心差，意志薄弱，害怕困难，在困难面前惊慌失措；感情脆弱，经不住挫折和失败。一个学生一旦形成怯懦性格后，往往从怀疑自己的能力到不能表现自己的能力，从胆怯与人交往到孤僻地自我封闭，从而形成不良的人际关系，不良的人际关系反过来又会加深怯懦。苏霍姆林斯基所指出的"学校病"之一的"精神恐惧病"，即指这种性格缺陷：不及格的分数困扰学生，使其精神受到刺激，因而一看到评分就恐惧；由于老师的批评而怕老师，因而一看到老师就恐惧，由于恐惧而不能正常思维，教师的大声训斥，甚至是对别的学生的训斥，都会抑制他的智力活动，因而导致成绩不良。

怯懦性格的产生同家庭溺爱、袒护、娇惯有关，与父母长期的呵斥、打骂也有关；在学校中，没有受到意志力的锻炼也会加重怯懦性格的形成。性格内向、感情脆弱的学生倘若得不到适当的锻炼和引导，便容易形成怯懦性格。

任何一个怯懦者都不希望自己是怯懦的，已产生怯懦的性格，就要正视，寻求克服的办法。

1. 借助气势激励自己。一个人在气势盛时，就能产生一股不可阻挡的勇猛劲头。战场上士气的勃发，可使原本怯懦的人也会产生一种决一死战的坚强意志。对待困难也是如此，在困难面前，有了那么一股敢拼敢斗的气势，摆出一副摩拳擦掌的架势，你就会感到有力量，就不会再感到怯懦。因此，你可采用自我打气、自我鼓励、自我暗示等方法来培养自己无所畏惧的气势："这点儿小困难实在不算什么""我完全有能力解决""没什么可怕的""失败了不要紧，再做一次呗""谁都会有失败的时候"。

2. 勇于行动。克服怯懦最有效的方法是采取实际行动，没有实际行动，造成多大的气势都不行，"坐着言何如起来行"。尽管几乎每一个怯懦者都懂得应当依靠自己的力量去生存的道理，但他们仍然怯于行动。古语也说："与其坐而论道，不如起而行之。"只说不干，就既不会有力量，也不会有由这力量建树起来的成就，当然也就不会有由于愉快地看到这种力量而产生的信心，这样你的心情就会长久地被怯懦所带来的烦闷而弥漫。

3. 敢于面对失败。许多人之所以怯懦，无非就是怕失败。因为越怕失败越不敢行动，越不敢行动就越怕，一旦陷入这种恶性循环中，怯懦不免就加深了。所以要记住：越是感到怯懦的事越要大胆去做，只要你能大胆去做，就能战胜你的怯懦。青少年要敢于担重任，错了、失败了也不必自责过深，谁都不会对青少年过于苛刻，因为你年轻！

4. 显示你的力量。怯懦的人最大的特点是"怕"字当头，不管遇到什么事，他们的第一反应是怕。尤其在人际相互交往中，总是怕别人对自己的印象不好，怕别人说三道四，因而对他人的不合理要求，总是不敢反抗。因此，消除"怕"这层心理障碍，大胆地显示自己的力量，是摆脱懦弱这一悲剧性格的最佳途径。其实每个人的潜能都是巨大的，你之所以看不到自己的力量，就是怕字限制了你的手脚，使你不能充分发挥出潜在的力量。就拿人际交往来说，一般有这样几个规律：

你强→他也强；

你强→他弱；

你弱→他强。

对前一种情况来说，交往双方能力都很强，二者不甘示弱，因而双方的能力都得到充分发挥；对后两种情况来说，交往双方处在一种不平衡关系中，强的一方显示了自己的力量，而弱的一方则限制了能量的发挥。因此，从大多数情况来说，是因为你的懦弱助长了对方的坚强，并非对方生来就强。生活、学习、工作中的任何困难都如此，有首打油诗："困难像弹簧，你强它就弱，你弱它就强。"根据这一原理，只要你能豁出去，勇敢地暴露自己真实的自我，当你有了成功的体验时，怯懦从此便会消失。

学会乐观开朗

她是一名中师学生，来信说她感到很压抑、郁闷，她想跟同学们说话，但又不愿跟她们说，因为她认为自己的想法跟她们的不同，其他人的想法都太幼稚。她看不起同学们为了得第一、拿奖学金而死啃书本，她要全面提高。信中说她认为自己的最佳形象是："才女，善交际，开朗、活泼、高雅，有时又能保持沉默，有涵养。"因而她认为和其他同学交往有失面子，但她又很渴望像他人一样有说有笑。她认为自己周围没有一个人真正关心她，没有一个知心朋友。进一步了解得知，她自小成绩就很优异，父母都宠她，但是到了初中，她在初一的时候，被人强暴了，虽然坏人受到了惩罚，周围的人却对她指指点点，她小小的年纪受不了，病倒了。后来在原先的学校待不下去了，就转到另一所学校，在这所学校，她认识了一个高大潇洒的男孩，很快地两人便恋爱了。

由于第一次的创伤，她不再珍惜自己的贞操，不久就与这个男孩做了青少年人不该做的事。中考她进了中师，男孩却什么也没考上，由于家里困难，出去打工了，跟她也断绝了关系。从此她开始了孤僻的生活。一方面由于看不起别人，另一方面又感到深深的自卑。她不愿和别人深交下去，怕别人看不起她。慢慢地她越来越孤僻，心情也越来越郁闷，又担心别人在背后说她什么，为此，很痛苦，写了信来寻求帮助。

训练指导

性格孤僻者的主要表现是不愿与他人接触，对周围的人常有厌烦、鄙视或戒备的心理。这种人还常常表现出神经质的特点，其特征是做作和神经过敏。他们总认为别人瞧不起自己，所以凡事故意漠不关心，做出一副瞧不起人的样子，使自己显得盛气凌人一些，其实内心很虚弱，很怕被别人刺伤，于是就把自己禁锢起来不与人交往。然而一旦别人真的不理他时，他们又认为自尊心受了伤害。由于这种人猜疑心极重，办事喜欢独往独来，因而越发与别人格格不入，人际关系不良的结果，使他陷入孤独、寂寞、抑郁之中。长此以往，还容易导致种种心身疾病。

孤僻性格产生的原因是多方面的，主要有以下几方面：

1. 家庭环境。父母对孩子非打即骂，易使孩子产生恐惧心理，而不敢多说多动，怯于与人交往，往往导致成年后的孤僻；在不健全的家庭中长大，如父母离异，或父母犯罪等，都会给子女带来严重的心理上的自卑，也易使其形成孤僻的性格。

2. 严重的心理创伤。如上述这位中师学生，由于被人强暴而导致孤僻；再如自己最亲近的人突然去世，伤心欲绝，懒得与人交往，沉浸在痛苦中，如果不能及时得到帮助，也会导致孤僻。

3．身染疾病或身有残疾，时常受到不公正的待遇，甚至遭人嘲笑、欺侮。

4．人际交往中遭到挫折，因而感到心灰意冷，再不愿受到打击，于是就采用逃避手段，不与人交往，久之就形成了孤僻的个性。

改变孤僻的性格特点，主要是找出使你孤僻的原因，通过人际交往实现性格的转变。

应有意识地去做到以下几点：

1．主动与人交往。良好的人际关系只有在交往中才能建立。古语说"投桃报李"，是说人际交往是有互酬性的：你与人家交往，人家也才愿意与你交往，换言之，别人对你的态度是你对别人态度的一种反馈。能否与他人建立良好的人际关系，关键在你自己。首先，必须尽可能恢复往日旧友的关系，恢复已经失去的联系。在此基础上，寻求与其他人的新的关系，可以从最简单的主动与你所认识的人打招呼做起，每天都坚持与周围熟人愉快地聊天。还可以通过加入一个团体，在符合自我价值观念及各种条件的前提下，首先试图服从。靠着服从，我们就可慢慢摆脱孤独，打破孤僻的生活方式与生活环境。对于学生来说，可以加入学校的书画社、诗社、社团联合会、文学社等；对于社会上的青年人来说，可以加入某一舞蹈班、英语班、气功班，还可以参加舞会、集邮协会等。当你能愉快而主动地参与你的团体活动的时候，说明你已经摆脱困扰你的孤僻了。

2．深交几个朋友。要选择几个正直、有思想、坦诚的良师益友深交下去，并珍重朋友间的友谊。首先你应将自己充分地暴露

给对方，把你的喜怒哀乐、你的过去与未来的打算、你的优点与弱点告诉你的新朋友，不要顾忌太多，当然要在不危及你的安全感、自尊心的范围内。人的心灵是相通的，完全可以相处得水乳交融，一旦你打开了闭锁的心灵，对方也一样愿意向你暴露他自己。双方的自我暴露有助于你和他人获得心灵的沟通、理解，达到在感情上与朋友融为一体。在这种前提下，才能真正获得心理上的支持、失落时的安慰、痛苦时的理解、失意时的鼓励、失败后的帮助等。这样的人际关系有助于你增强建立人际关系的信心，孤僻感也会在这种深厚友谊的温暖中消融了。

3. 多参加活动。主动参加各种文娱、体育、社交活动，比如看电影、跳舞、集会等，不要老是把自己关在屋子里，或束缚在单独的小圈子里。这是因为前者可以扩大你交往的范围，活跃你的情绪，使你变得愉快起来，而后者则只能使自己"茕茕孑立，形影相吊"，因而使性格越发孤僻。

4. 主动关心别人。友谊在于培养，不在于等待；在于不吝奉献，不在于单方索取。有的人对别人的事不闻不问、毫无热情，这种冷漠的态度正是孤僻的孪生兄弟：你对别人冷漠，别人也会对你冷漠。冷漠导致疏远，疏远又导致感情上的距离和裂痕，这样怎么能不导致孤僻？因此，要体贴别人，善于在别人需要帮助时主动给予帮助，对于同学、朋友要经常给予关注和关心。友情是在相互的"施"和"爱"中生长的。孟子说："爱人者人恒爱之。"你如果能主动伸出善意的手，它马上就会被无数善意的手握住的。那时，你又焉感孤独?

独立自主很重要

信不信由你，但这确实是一个真实的事情。珍珠刚进大学不到两个月，就退学了。倒不是因为她身体有什么毛病，而是因为她不能正常地学习、生活，连打饭、洗衣服都不会。原来珍珠有两个哥哥，她的爸爸有一哥一弟，但只有她这么一个娇娇女，于是她得到了爷爷奶奶、叔叔伯伯以及哥哥们的宠爱，而她的父母更是视她如掌上明珠，这从给她起的名字就能看出来。所以她自小就是衣来伸手，饭来张口，爸妈什么活也不用她做。有时她想洗洗小手帕，这也不能够。直到上初中了，她才开始自己穿衣服。每天都是由她妈妈或爸爸接送。

上学，铅笔给她削好了，写完作业再帮她把书包收拾好，她的任务就是把书念好就行。上高中，中午在学校吃饭，总是由家人把饭送到学校，她的屋子也由妈妈来收拾。填志愿的时候，她

不知道填什么，拿回家，由父母代填。由于在这样的环境中长大，她成了一个橡皮娃娃，没有主见，不会自理，不会买东西，公共汽车也坐不明白，对于生活中的事，她懂得太少太少。上大学后，因离家太远，父母不能总陪着她，需要她自己去面对生活了。但是她不知道如何打饭，把一把饭票递给服务员。衣服不会洗，也不会叠，不会叠被，检查卫生总是她的床铺不合格。上课又总是迟到。在教室、寝室也从不值日，以前都是由她妈妈帮的，所以她不知道值日。时间一长，寝室同学反感她了，她自己也彷徨无助，开始讨厌上大学了，终于在她父亲来看她的时候，跟着父亲回家了。多少人梦寐以求的大学，她却放弃了。父母也为此长吁短叹，说她太没用了。但是他们却不知道，正是由于他们对女儿生活上的细微照顾与周密考虑，才导致了女儿的依赖，依赖使她葬送了美好的前程。

训 练 指 导

因依赖而寻求咨询的大部分都是青少年，他们可以一个人来，但是半数以上都是由父母陪着，连填姓名、性别的一张表也要其陪同者代劳。

人们的依赖心理、相互间的依赖关系，我们可以粗分为物质上的依赖和精神上的依赖。在日常生活中，最为常见的是物质上的依赖，多体现在家庭成员间。精神上的依赖则较难发现，多是依赖荣誉、地位、奖赏、羡慕等，也有的是依赖爱情、某种价值观等。青少年常易出现的是对家庭成员的依赖，也有少数是依赖表扬，这些依赖过分强烈，就会影响一个人的成长、成熟，妨碍一个人的心理健康。

依赖这种不良个性的形成与家庭和个人都有关系。从家庭这方面来说，现在的家庭多是一个孩子，父母在宠爱的同时，忽视了对孩子独立性的培养，因而生活中的小事一手包办了，寄希望于孩子长大再让他们干吧。但是长大了，又要学习，为了不耽误其学习，还是不让孩子插手做他们自己该做的事，就这样，把孩子紧紧地拴在父母的手上。本来是出于爱心，但却害了孩子。从依赖者个人这方面来说，则是由于他们从依赖别人中得到了好处，什么也不用我做、不用我想，由父母来替我做了，这多好，于是他们什么也不干，本来自己能做的，也不做，这时是懒惰使他们更加依赖父母。这些人一旦离开家庭，那么就得去依赖同学、同事、爱人。这两方面的原因都会使依赖者成为一个没有主见、不成熟、缺乏勇气、自理能力差等等心理缺陷者，这种人很难获得成功。

有些人并不是不知道自己的依赖性，也为此而苦恼，他们也羡慕独立自主的人。独立自主者一般都不过分屈从于周围人的压力，也不受偶然因素的影响而违心行事。多是有自己的行事信念，并以此出发规定自己的行为举止；在成长过程中其自身的发展更多地依赖于自身的能力和潜力，而不是依赖某一种社会、自然与人际环境。这才是一种健康的、成熟的心理体现与行为表现。而心理上有问题的人则有一种与此相反的特点，也就是我们上面所说的依赖。要改变不健康的个性——依赖为独立自主，可采用以下方法：

1. 寻找导致自己依赖的原因。

如果是家庭原因而不是你自己的懒惰所造成的，那么向你的家人正式宣布，你要改变你的依赖行为，希望他们能够理解并支持你。你的家人一定会欣喜你的改变，他们就不会再事事替你操心了，有些事情你就必须自己去面对了。如果是你的懒惰所造成的，那么你可要认识到，懒惰将使你一事无成，现在你有父母可依赖，那么以后呢？所以你必须不怕吃苦，改掉懒惰不爱动手的恶习。

2. 独立自主解决困难。

不要一遇到困难就请求别人帮忙。自己去解决，失败了，当作经验，以后就知道正确的该如何做。独立自主往往是在失败了第一次之后学来的。将经验积攒下来，你就有了对生活难题的把握，而不用再去依赖别人，也不会产生无助感。

3. 按下面的计划去做一做：

第一周：每天一次，帮家里人洗碗；洗自己一周换下来的衣服。

第二周：坚持上周的两件事；将自己的屋子收拾一下，桌面摆放整齐，床铺收拾利索。

第三周：坚持前两周的事情；替家里买点儿菜、油、米、面什么的，为自己买双袜子。

第四周：坚持前三周酌事情；为家里人做两三个菜的一顿饭，别管好吃不好吃，收获一定不少。

以后每周之内都做上述事情，当然不能周周买袜子，要灵活运用，关键是让你学会买东西。此计划或你据此定出的类似计划，可给你的家人参考，以协助并监督你执行。只要你能长期执行，那么你不久就会感到你不是从前的你了。

死要面子活受罪

曾看到过这样一个故事：某大学生在毕业时，因没有像其他同学那样联系到一个理想的单位而没脸见人，因而退学了。这位大学生一直都是同龄人中的佼佼者。自小学时起，他的成绩就一直是全年级的前两名，班长、少先队大队长、三好学生，都非他莫属。父母因为他而骄傲，对他的未来也寄予了很大的希望，经常在亲朋好友和同事面前夸耀他。上初中和高中以后，各种光环依然包围着他。周围环境长期过多的荣誉，确实给予了他学习的动机，但同时又使他将这些荣誉看成是自己生命的组成部分，甚至超过自己的生命。高一第一学期期末考试，他外语成绩仅以1分之差而成为第二名，他受不了了。作为科代表，落得这样名次，没脸见人。因此他不好意思上学，父母只好找老师商量，老师出于爱惜他就在全班同学面前宣布，因为判卷错误，多扣了他2分。

他的面子挽回来了。这时老师、家长还只认为他有进取心，好强，有出息，却没有意识到他的心理素质太差。高三填报志愿时，因为虚荣，放弃了自己喜爱的文科专业而报了热门专业"外贸英语"，这一回他又是一位胜利者。大学云集了来自全国各地的高才生，尤其是"外贸英语"专业，竞争更加激烈。为了名次，他每天都在与其他同学进行一场心理战争，以保存比自己生命更重要的虚荣心。最后终因虚荣心而毁了自己的前途。

训练指导

虚荣是人个性特征中很普遍的特点。虚荣是我们进取、创造、生活、成就的重要动机，在某种程度上，人是依赖虚荣而生存的，依赖虚荣而去改变目前的生活境遇的。因而适当的虚荣心是正常的。但是虚荣心与名誉心是很难区分的。因为同样一件事情，有的人出于名誉，而另一些人则出于荣誉，过分的名誉心极容易转变成虚荣心。因而生活中，虚荣心往往被误认为是名誉心而得不到及时纠正。其实虚荣心主要表现在为他人而生活；名誉心则主要表现在为自我完善和自我认识而生存。

每个人都希望被他人理解和关注，尤其是青少年。青少年正处于竭力让别人承认自己，给他人留下好印象，因此不断塑造自己的特殊时期。这时就很容易陷在死要面子的泥潭里。他们极力调节自己在他人面前的言行，极力不说有损于自己形象的话，不做有损于自己形象的事，极力维护自己的形象，有时仅因别人说了一句让他下不来台、没面子的话就跟人动武，这就是过分注意自己在他人面前的形象了，原因就在于虚荣心。

虚荣特征表现之一就是将自己的名誉看得比自己的生命更重

要，往往"死要面子活受罪"。

正如开头我们所说的那个大学生，为了面子不上学、不参加工作。

虚荣特征表现之二是取悦于他人。取悦于他人的目的完全是为了获得他人对自己的肯定、积极的评价。

虚荣特征表现之三是过分重视他人对自己的评价。他们不是通过独立的自我分析来认识、了解自己，而是依据别人对自己的评价。

虚荣来自何处？

有些家庭教育和社会文化里，过多地给小孩灌输了诸如给他人留个好印象、保持尊严、符合身份、名誉比生命更重要等一些虚无的东西，导致他们后来死要面子活受罪。

缺乏自我独立意识与独立价值观念的人也容易产生虚荣心。一旦别人对自己的评价高了，则精神倍增；相反，评价低了，有损于自己的形象，就垂头丧气，似乎自己一钱不值，以后也没脸见人了。

把爱情视为生命的人，一旦恋爱对象弃他而去，就会认为是自己的奇耻大辱，再也没脸见人了，这也是有的失恋者自杀的原因之一。

虚荣会引起其他不良性格的形成。

因为虚荣，人们有时不得不说谎，害怕别人看穿自己的谎言而终日处于防御状态，有可能形成神经质的性格。

因为虚荣，怕别人看出自己的不足，因而躲避他人求得暂时的心理平衡，这种思维方式将导致孤僻性格的形成。

虚荣是可以克服的，如果不想"活受罪"的话，请采取下面

的措施：

1. 改变"名誉比生命更重要"的思维方式。

名声是虚幻的、抽象的。你不需要他人的赞赏，只要你认为是对的，就可以按照你的心理需求办事，不必去考虑他人会说什么，有什么看法。你是一个独立的个体，不可能迎合所有人的看法，不管你做什么、说什么、穿什么，总会有人赞成有人反对，所以不必管他。

2. 客观地评价自己。

彻底地了解一下自己，把对自己的评价列出来，请父母、朋友、同事参看，你是不是真的如你自己所认为的那样。从今天起，要敢于正视自己的不足，建立对自己的自信心。

3. 调整追求目标。

把追求胜过他人的欲望变成追求自我奋斗目标的实际行动。不要以他人的成就为自己的追求目标，而要自己跟自己比，追求比昨天的我更完善的今天的我。

4. 正确对待别人的评价。

说你好了，不要沾沾自喜，看看你自己是否真的好；说你坏了，也不要妄自菲薄，有则改之，无则加勉。人都有缺点，不是就你有。

5. 从今天开始。

说真话，实事求是，不要用说谎来夸大自己。如果你一不小心又说了谎，那么要勇于承认，你开了个玩笑。

6. 敢于暴露自己的缺点。

如果你是爱讲虚荣的人，那么不用再企图显示你的优点了，现在的关键是学会暴露自己的缺点。当然要让你一下子做到在所有人的面前表现出缺点，是有点儿困难，那么先选择你最熟悉、最要好的朋友，把你心里的苦闷（因虚荣而导致的）向他们倾诉。跟他们说说你的缺点，你会发现这原来并没什么难的，说出来之后你会感到轻松、解脱，且以后不再容易犯同样的错误。

马虎

训 练 内 容

从前有一位画师，马虎得出了名。有一天，一位朋友请他画一幅马图，他草草地画了一个马身子，就搁笔了。后来，那个朋友又改变了主意，说你还是给我画一张虎吧，他又答应了。见有一张画好了四条腿动物的画，他的大儿子问他画的是什么，他随口说是虎，于是他就在马身上画完了虎头。一天他的小儿子问他："爸爸，你画的马画完了吗？"他说画完了。小儿子要看，他就领着儿子去看那张马身虎头图。后来，他领着两个儿子到乡下去，看见老农用马拉车，大儿子吓得撒腿就跑，一面跑一面大喊着："救命！救命！"他的父亲和弟弟赶紧追上他，问他怎么了。他大气不敢出，指着马说"虎，虎！"这位画师明白了，但又不敢认错，只好说："它不咬人，已被驯化了。"事隔不久，他又带着两个儿子去山上打猎。他们走到树林深处，小儿子走得很快，一会儿射一只兔子，一会儿又逮着一只山鸡，正高兴着，忽然前面出现一只斑斓猛虎，画师和大儿子一见，吓得赶紧躲了起来，小儿子却高兴了，迎着虎走过去，还说："爸，哥，你们快来看，这儿有一匹马呢。"谁知老虎猛地扑过来，一下子把他扑倒了。小儿子临死大概还不知道马为什么要吃人。画师的一张马虎图害死了自己的儿子，他懊悔不已，回去就把图撕了，从此，他再也没有马虎过。后来，人们就称粗心大意为"马虎"。马虎在青少年身上常易出现，偶尔在一件事上出现马虎，不算什么，但如果在任何事上都出现马虎，这就已经成为一种不良的个性了。

钱小姐，学习挺好，但就是马虎得出了名。小时候上学，不知什么原因，把书包弄丢了。上了大学之后，马虎之事仍层出不穷。刚上大学没一个月，先是把50元钱当做10元钱买东西了，接着又将一把精致的三叠伞弄丢了。两年间她丢了两台自行车，都是因忘了锁车。逛街的时候包的拉锁没拉上，丢了400多块钱。给朋友写的信装错了信封，弄得对方不知她写了什么，丈二和尚摸不着头脑。至于日常生活中由于马虎出的错更是随处可见，同寝室的同学多次从水房捡回她扔在那儿的脸盆、饭盆。三年中，她的手套已不知丢了几副，坐火车竟会把鞋弄丢了一只。

训练指导

像这位钱小姐这样的马虎，生活中我只发现她一例，但一定还存在不少这种不良个性的青少年。

由于马虎而导致的失误有时会造成严重的后果。前不久，听到一则报道，一位医生在给一位7岁女孩做阑尾切除手术时，马虎大意，把该女孩儿的子宫当做阑尾切除了。由于马虎而造成的医疗事故远不止这一例，马虎所造成的危害是严重的。

马虎的产生究其原因是一种不负责任的表现。上述医生如果认真负责的话，无论如何也不会出事故；在旁协助的护士如认真监督的话，也不至于让医生切错。

马虎的产生还与注意力集中与否有关。如果做任何事情都集中注意力，不断提醒自己，也不会出错。钱小姐的毛病就在于注意力不集中，常常还在做这件事的时候，就想着其他的事情了，做下一件事的时候又忘了前一件还有待于完成的事，因而常出现丢三落四的现象。

马虎的产生还与从小的培养有关。小时候，家长如果不注重孩子独立性的培养，而是自己亲自动手为其准备好一切，那么孩子由于很少有机会对自己的事情负责，什么也不用考虑，马虎的个性就会自此形成。上面所说的钱小姐就是这种情况，她在家是老小，父母什么都不用她做，牙膏给她挤好，水给倒上，书包也由父母替她装，她什么也不用管，只管好好学习就行了。这样，她就失去了亲自动手做事的机会，自小就没有形成周密地考虑事物的良好习惯，马虎的出现就不足为怪了。

因而要克服马虎这一不良个性，就可以从这三方面下手。

1. 增强责任感。

明确自己将要从事的工作或正在从事的工作的意义、将会给他人带来的益处以及出现差错时可能导致的严重后果。多看一些由于马虎而导致的重大事故，给自己以警戒。

2. 培养稳定的注意力。

马虎的原因之一就是由于注意力极易转移。做事情时要不断提醒自己别忘了……例如上街买东西时，要多提醒自己"钱放在包里，要好好拿着"。到水房刷盆的同时做其他的事情，就要多念叨"一会儿，别忘了拿盆"，并有意地默想"盆、盆"，也可以有意识地将盆和你正接触的某物联系起来，由于这将会使你对盆的印象加深，就不会再忘了拿盆。不做事的时候，你可以练耐心，耐心是注意力稳定的一大因素。每天抽出 10 分钟的时间听时钟的滴答声，默默地计数。一个星期就能见效了。

3. 练习动手。

从现在开始，你的一切事情都要自己做，先做什么后做什么，都要想好，有条理，有计划，做的时候不要慌里慌张。一件事完成之后再去做另一件事，这并不是说你不能同时做两件事，而是说这是为了克服你的马虎而采取的一种方法。

马虎的克服不是一下子就能实现的，需要你长期保持高度的责任感和耐心，但有时一件特殊的事情也能彻底使你改掉马虎的毛病。如由于马虎而导致了重大伤害，使你追悔莫及，此后，你可能就慎之又慎了。但我们千万不要都等着出现事故了才克服马虎的毛病，一切都应从现在开始。

消除紧张情绪

　　他真是很紧张，总是不由自主地把神经绷得紧紧的，同学评价他有些"神经兮兮"的。每当重大场合或是考察他能力的时候，他就紧张得厉害。比如心跳气促，舌头发硬，嘴巴不听使唤，意思支离破碎，说话语无伦次，难以理解，和平时截然不同。在学校老师提问他时，他干脆就声音发颤了。要是逢到考试前，他在前几天就会睡不着觉，连续失眠；考试中，他感到心跳加速，头脑发胀，昏昏沉沉，有些平时会的也不会了。平时他也常常为一点风吹草动就心惊肉跳，似乎很少有气定神闲的时候，老师评价他"一点事都担不住"。他看了《小公务员之死》之后，就觉得自己和那个小公务员特别相像，唯一不同的是他自己为之紧张的事太多。他感到很累，身心疲惫。

训练指导

紧张是我们每个人都能体会到的，是人正常的一种应激反应，可是如果频繁地出现这种体验，无法控制而又影响正常生活、学习或工作，那就是一种不良个性了：过度紧张。

紧张时人有肌肉僵硬、机体反应迟钝、出汗发抖等外部表现，内心是强烈的不安全感和焦灼感，易感到疲劳，理性水平不能正常发挥。

为什么会有这样紧张兮兮的人呢？

1. 性格上有负面因素。如胆小怕事、害羞腼腆、苛求完美、墨守成规等，所有这些不够宽容大方的特点都易使人举轻若重，事事、时时不由自主地紧张起来。

2. 这类人曾受过挫折或失败的打击，其后的经验感受被强化，成为无针对性的持久性紧张，成为难以逾越的心理障碍。如主持一次晚会而砸了锅之类的经历。

3. 这类人还可能有过严的家教或其他约束。家长、老师等权威性人物如果总对孩子施加过重的压力，实行过严的管束，也会使孩子形成紧张的习惯。

除以上这些原因外，神经类型弱型的、气质类型属黏液质的生理特点是一个影响因素。

生活中充实和紧张是有联系的，但紧张作为一种应激反应是不易持久和频繁的。现代医学证明，人一进入紧张的警戒反应期后，肾上腺分泌增加，以调动身体机能进行防御，之后人会进入抵抗反应期，出现心跳加快、反应增高等生理变化，如果紧张仍持续下去，身体的防御能力就会进入衰竭期，使身体严重受损。

所以，心理紧张常成为导致躯体疾病的重要原因。现代心理学上则认为人潜能的发挥是需要一种平和、积极的心理背景予以保证的，而自我调节能使自己紧张的心理得以放松，能使工作和学习事半功倍。你也应该有这样的体会：自己超水平发挥时常是心情最放松的时刻。请按下面的方法去放松自己，体验一下心理放松的力量：

1. 自我松弛法。

这是在你感到肌肉僵硬时一种有效迅速的缓解方法。大致可以分为三步，在你感到紧张时：（1）深深地吸一口气，然后迅速吐出。（2）不断暗示自己"放松、放松"。（3）把注意力集中在有趣的一事物上停留几分钟。完成这三步之后，你就可以返回引起紧张的问题，如果仍然感到紧张，再重复这三个放松步骤，直至紧张解除。这个方法十分简单易行，无论是在什么情景中（甚至包括假想情景中），都可以重复练习。

2. 培养自信。

平时多从事一些能产生成就感的活动，针对自己的长项，关键是培养自己的一种信念：一切我都会应付自如的，不用紧张。对曾经受过的挫折和失败，要用接受教训的眼光重新审视，要是失误不妨重新试试，要是真的能力不够，就换积极而现实的态度对待它："幸亏那时尝试了，对我现在和今后的生活不会再有重大影响，否则万一在以后某个重大时刻发生了就无法弥补了。这是我的一个不足，我要坚守住我其他优点，不让自信动摇。"

3. 现实分析法。

往往你紧张的背后是某个不良的观点在支配你，所以，这个方法的第一步是查清你的不良观点。具体的方法是从这类词入手清查：我必须……我不能……我只好……我不可能……例如：

我必须处处胜过他人。

我不能办好一件事。

我只好处处小心谨慎。

我不可能成大器。

上述这些观念一个最突出的特点便是"绝对化"。这些观念使你思想僵化，对错综复杂的现实缺乏灵活应付的能力和迎接挑战的自信。因此，第二步就应把这些绝对化的观念全部都改为相对灵活的观念，尽量减少那些绝对的关键词，将之改为"尽量、可能、争取、最好"这些灵活性较大又带有积极意义的词。第三步牢记这些新观念。每遇到一个挫折时，静下来体会自己此时的想法，如果前面的不良观念又出来了，你就马上对自己说："现在我要改变我的观念，用积极的、相对的来替代消极的、绝对的……"通过这三步，现实的压力会有所解除，紧张也会慢慢消除。

保持良好的心境

　　小丽是个敏感如含羞草的女孩，外界哪怕是无心的轻轻一触，就能引起她快速的"萎缩"反应——情绪持续低落，甚至非常生气。她的朋友这样评价她："小丽脸皮太薄，只能听好话，和她在一起一定要小心，说话稍微重一点，关门稍微响一些，她就会受不了。"一次，小丽高高兴兴地出去，没一会儿就回来了，大哭不止，连着两天哪都不去。一问原因，原来一个男生跟她开了句玩笑，说她穿一身黑衣像要去参加葬礼。小丽据此认为这个男生很厌恶她，别人都要嘲笑她，自己伤心难过不算，那套新买的衣服也就此被打入"冷宫"，和那位男生的关系也从此恶化。类似的事情还有很多，小丽发现自己越来越怕与人交往，朋友越来越少，活得好累、好苦，真像一棵草木皆兵、无法再舒展开枝叶的含羞草。

敏感，即感知觉敏锐，适度的敏感是正常的，也是可以理解的。青少年正处于自我意识强烈、热衷关注自我的年龄段，对外界的刺激感觉灵敏，这只是个具有普遍性的性格特点。它有助于自我保护，防御伤害。可是像小丽这样过度敏感，就属一种不良个性，会发展成为多疑、幻想等心理障碍，在人际交往中最容易导致失败。那么，过度敏感是怎么形成的呢？原因有以下几类：

1. 在生理上，这类人神经系统活动类型多是弱而灵活型，天生感情脆弱，疑虑重重，多忧思，经不起强烈刺激和猛烈打击，微小的刺激就会引起紧张反应。

2. 在早期经验上，这类人或有过分保护的家庭教育或家庭管教过严。在过分保护的家庭教育中，由于长期处于绝对安全状态下，从未承受过恶言劣行的刺激，也未学会积极的自我保护，没有抵抗外来侵扰的经验。而在管教过严的家庭环境中，由于习惯性地接受批评，他们缺乏自信，常有自卑倾向，对别人的负面言行敏感而反应强烈、持久。

3. 在个性特点上，这类人多无宽容的气度，喜斤斤计较，爱钻牛角尖，他们的第一念头就是："难道就让他（她）白白骂我吗?"有的人甚至像过去西方社会中的敌人那样，为一点小事就进行生死决斗。

我们说，轻视和谩骂根本不值得理会，为此伤心难过反而增强了它们的伤害力，更何况一些并无恶意的批评和评价了。但是，要对反对性意见保持无动于衷确实比较困难。如果有人说你坏话，你当然会受伤害。俗话说得好："良言一句三冬暖，恶语一句六月寒。"因为人是有感情的，有时确实会因别人的出言不逊而受到伤害。但是是否被伤害最终完全取决于你自己，如果你总是控制不住感情冲动，总感到受伤害，那你很可能就是敏感过度了，你就看看下面的纠正办法吧。

1. 明确"置之不理"的合理认知。你完全可以不必为别人的不恭语言或贬低之辞而情绪低落、坐立不安或耿耿于怀，你的无动于衷正表示你的修养和理智。你不需要太看重别人怎么说，你需要自信而有主见，别人的否定意见并不能真正否定你的价值，你的自尊依然，你的能力依然。只要你愿意，你完全可以不去理会别人的不恭或轻蔑而保持良好的心境。

2. 如果必须做出回答，你就应向对方坚决表明你的不满，或不妨试试讽刺对方几句，或用幽默的方式一笑了之，这也是缓解紧张气氛的好办法。王骂李是"乡巴佬"，李则恍然大悟地说："怪不得我觉得有些人还不如牛、马、骡子呢！"而开篇提到的小丽的遭遇，则可以更加心平气和地接受这种并无恶意的评价，简单地答一句："只是衣服和纱巾的颜色有些暗。"你就可以控制好局面而不让别人左右你的情感。如果碰到很难堪的局面，比如对方勃然大骂，你首先可以想到这是对方本身的毛病，而不是你的所作所为引起的。聪明自信的人根本不需要嘲笑或轻视你，出言粗鲁的人自己总是有问题的，这时你不妨装出好奇的样子看着他问："你怎么了？"一句话点破了实质。

3. 事件已经发生过了，你的不愉快体验也开始滋生了，这时你可以采用认知作业的方法，把自己从伤心难过中拉出来。大致可分为四个步骤：（1）停。立即停止不良心境的进一步发展，切断原有思路。（2）问。仔细描述事件的发生情境、经过，到底怎么回事？我为什么不高兴了？（3）接。接受最坏的结果。（4）思。思考事情真的那么可怕吗？最后得出结论是：最坏的结果也不过如此，何况并不一定发生，我何必大惊小怪呢？以小丽为例，她可以做这样一个作业：

事情经过	我难过的理由	结果	但是
李兵经过我身边时，突然大声说我穿这一身黑像要去参加葬礼。	觉得被嘲笑，没面子，是个讨人厌没审美感的差劲女孩。	大家都和李兵一个看法，我没品味。	只有李兵这么说，服饰失败不能否定其他优点。

4. 除上述认知上的三种具体做法外，还可以辅助以支持疗法。即动员亲人与朋友在精神上给予主动关心和支持，如果可能就避开那些习惯出言不逊的人，并常常一起讨论是否敏感过度，慢慢加以开导。

改变完美主义

　　程怡是我的一位同学，人长得虽然不是很漂亮，但也绝不是不好看的女孩子，高高的个儿，适中的身材，成绩也在班级列前几名。她父母均是大学毕业，有较好的工作，对她也非常疼爱。按理说她应该很满意才对，同学们也都很羡慕她，但是她却忧郁而悲观。首先，她不满意自己的长相，自己的鼻子不够挺，皮肤不够白；也不满意自己的身材，认为自己太胖。其次，她对自己的成绩也不满意，认为自己既然是学习委员，就应该排第一。程怡是一个很要强的女孩，她需要处处都超过他人，因而她不断地努力。但是鼻子、皮肤却是天生的，因而她很烦恼，进而忧郁、自卑。减过几次肥也不见效果，好好的一个身体硬被她给饿出胃病、贫血。学习经过努力虽有进步，但又因身体虚弱而下降。大学毕业来到工作单位，她更加悲观。本来她认为人都应该是善良的，朋友之间应是无私的，但是却屡屡失望，因而对社会、对工作产生了消极情绪，也不愿再交朋友，结局就是孤独了。后来，她与自己比较喜欢的高中时的一位同学确立了恋爱关系，那位同学一直就暗暗地爱着她。但是有一次在玩笑当中，他笑说："你还有胃病、贫血，这可不行，你得先治好，否则我就不娶你了。"他的意思是让她注意身体，有病赶紧治，谁知程怡却想原来你并不是真的爱我，如果是，你就不应该在乎我的身体如何，既然如此，那么咱们就分手吧。于是她不听对方一句解释的话，断绝了他们的关系。在以后的几次恋爱当中，她也因忍受不了对方的缺点而直至现在成了老姑娘。

训练指导

程怡之所以这么悲观、忧郁、孤独，根本原因就在于完美主义。完美主义是一种对自己、他人和社会抱有过分绝对的、完善的、理想的思维方式与价值观念体系。完美主义的性格特点一旦形成，可能会影响一个人整个价值观念体系，影响其生活的方方面面。绝大多数人只表现在生活的某一方面、某一内容，而有些人则某一方面、某一内容的问题解决了或相对完美以后，新的不完美感又可能出现。

生活中，完美主义者有如下一些表现：

关于角色："我是班长就应该事事比别人好"；"我是妻子就应该为丈夫和孩子做好一切"；"作为医生就应该治好病人的病"……当他们没有达到角色期望时，就开始内疚、自责、忧郁。

关于性格："我不应该不会说话"；"我应该幽默点儿"；"我应该开朗大方"……他们要求自己有一个完美的个性。殊不知这种想法的本身就是错误的。

关于成就或能力："我是大学毕业生，应该各方面都比他们强"；"作为领导，业务、能力都要比下属强"；"我的口才也应像小赵那样好"……这种人总拿自己的能力与小钱的歌唱、小孙的舞蹈、小李的人缘、小周的聪明等等合成的"完美人"相比，他们不管自己有哪些方面优于对方，只要自己有一方面不如人家，那么我就太差了。

关于他人：完美主义者相信他人应该理解自己，认为"作为领导理应公平办事"；"作为朋友应该坦诚相待，互相帮助"；"我对他这么好，他不应该那样对我"……但当现实交往中对方并不是自己所想象的那么完美时，便会产生常见的抑郁和敌意情绪影响人际关系，甚至导致人格上的障碍，如孤僻、抑郁、敌对等。

关于社会：完美主义者认为社会应是公平、合理的，当遇到不公平的事、不合理的情况时，即对社会产生偏激的看法，用远离社会和孤独来逃避不完美的现实社会，有的甚至愤世嫉俗。

关于婚姻：常因不能宽容对方的缺点而影响恋爱的成功。结婚以后，每当夫妻产生一些摩擦时，就会对原本正常的婚姻产生绝望情绪。

完美主义在生活的方方面面都有所体现。

当你为自己长期形成的不良性格而苦恼，却不能勇敢地接受并逐渐克服时，当你想处处都胜过你所认识的人时，当你认为无法避免的失误不应该发生时，当你对即将要做的事情反复没完没了地考虑时，当你难以忍受社会的不公平、不合理、不平等时，你就要考虑，也许你已经成为一个完美主义者了。

改变完美主义，你就要从现在开始：

1. 弄清自己的完美主义来自什么原因，这样问题就解决了一半。也许小时候，你的父母曾对你说："既然你是班长，你就应该起带头作用，处处给同学做榜样。"你长大后，这种思维仍固定在你的内心，于是你就产生了"角色完美"："我是……就应……"这种思维错误的原因在于角色的实现并不是角色本人所能控制得了的，还要受诸多外部因素影响，因而当角色失误时，你不能认为完全是你的责任。

也许你在父母的保护中长大，从小就没有接触真正的社会，在家庭和学校这个相对理想的环境中长大，使你形成了"社会是美好的，公平的"完美主义思想，但当在社会中看到一些丑恶现象时，就产生了心理上的失衡。任何事物都有正反面，社会也一样，有好人也有坏人，你的任务是尽量减少坏人的数量而不是悲观、失望，还要在看到阴暗面的同时欣赏阳光雨露。也许你过分要求事事完美，力求使每个人都满意，一般情况下，这很难实现，你只要使大部分人满意就可以了。

2. 在生活中练习自己的忍耐力。从生活中的小事做起，容忍、接受诸如房子没扫干净、室内乱七八糟等不完美的事实，接受周围人的生活方式，你不能要求所有人都千篇一律地有修养。多与各种不同类型的人接触，多去几个不同层次的地方，你会明白社会是个多面体，每一面都有其存在的理由，不管你接不接受，这都是事实。

3. 懂得人可以完善自己，但不能完美自己。你不能要求你能做到别人做不到或已经做到的一切。学着和强过你的人做朋友，以完善自己。

不要自视过高

　　她的父母均为大学生，良好的家庭环境和较高的智力因素，为她后来的求学提供了优越的条件。她的小学、初中都在一个小城镇里读的，因而教育水平、学生的智力与后天教育水平都不算很好，而她凭着父母早期的教育，先天的素质，后天的努力，成绩一直位居第一，且与第二名相差很大，老师们都说她是学校的骄傲，从来没遇见过这样的学生。因而她越发努力地学习，成绩更加突出，同时她与同学的距离越来越远。其他同学的成绩太差劲了，我怎么能和他们在一起呢？跟他们交朋友太没面子了，所以她总是孤零零的，像个骄傲的孔雀，她认为这是与众不同、不落俗套的行为方式。高中的时候，她随家迁往一座中等城市，在重点高中就读，那里人才济济，尖子生多得是，她的优越已很不明显了，但她内心里仍认为自己是最好的，但几次考试结果却并不如此，她从来不愿承认失败，因而她改变方向。小学、中学已经证明我是最好的，因而我不再为学习所累，我要轻松一点儿，玩一玩。于是她看不起那些孜孜以求只知啃书本的书呆子，考第一又怎样呢？真俗气，看我学得多轻松。因而高中的成绩她很一般却仍然有着极强的优越感。上大学后，她仍具有着过去所带来的优越感，目中无人，不把老师和同学放在眼里，认为寝室的每个同学都俗不可耐，老师都势利，很快地她在寝室住不下去了，只好换寝，之后还想再换，但哪个寝室都不愿要她，于是她只好孤零零地一个人独来独往，但却自诩为伟人都是如此的。

训练指导

生活中这类人不少见，他们的共同特征就是：自视过高，认为自己非常了不起、别人都不行，看不起别人，认为自己比别人聪明很多，总爱抬高自己贬低别人，把别人看得一无是处，而当别人取得一些成绩时，又极力去打击、排斥别人，歪曲别人的动机，表现出强烈的嫉妒之心。他们以自我为中心，自己想干什么就干什么，想怎么干就怎么干，谁也管不着，听不进别人的意见和建议，总爱和别人对着干。他们只考虑自己，不关心他人，总想让别人都围着自己转。

具有这些特征的人我们称之为自负。自负者由于看不起别人，因而人际关系恶劣，影响情绪、学习、工作；由于认为自己什么都行，比谁都强，故常停步不前，故步自封；认为自己与众不同，因而不愿参加集体活动，不愿响应号召，认为这些都太俗气。但自负者往往又不知道自己自负，总把过错归咎于他人，事业不顺埋怨怀才不遇。自负是青年人常见的一种心理特征。一次调查表明，青年人总想拥有更多的骄傲和自尊，故他们倾向于朝着过高的方面评价自己。

但并不是每个人都自负，自负的产生有以下几个方面的原因：

1. 不当的家庭教育。

过分娇宠的家庭教育是一个人自负心理产生的第一根源。父母总是夸赞、表扬自己的孩子，而不指出孩子的缺点，让孩子想到"我非常了不起"、"我都对"。

2. 生活中的一帆风顺。

人的认识来源于经验，太顺了，易产生"我能力强"、"我都对"的自负性格。经常遭受挫折和打击的人则很少有自负的心理。

3. 片面的自我认识。

只看到自己的优点和别人的缺点，因而产生自负。

4. 自居作用。

把家庭、父母的优越当做自己的一部分。如上面所讲的女同学，她就以父母是大学生而自负，因为周围同学的父母很少有是大学生的。

自负是青年人前进的阻力，怎么才能克服掉这一心理呢？

1. 勇于承认自己自负。

当你感到周围没有让你看得起的人、没有几个知心朋友、形单影只、经常感到受压抑、才华得不到施展的时候，你就要回顾一下自己的思想深处，是否存在自负。假如上述所列特征你大部分具有，那么你得承认你确实自负，只有不讳疾忌医才能真正治好病。

2. 挖掘自负产生的根源。

知道症结所在，就有了对症下药的根据。根源有上述四种，也可能有其他特殊的，如漂亮、富有、专长等。

3. 采取具体措施：

假如是由不当的家庭教育造成的，就要认识到父母对自己的孩子都有偏爱，他们希望自己的孩子好，因而往往只看到孩子的优点，其实孩子跟别家的孩子一样也是有缺点的，因而你也不是什么都比别人强。

假如你是由生活上的一帆风顺造成的自负，那你就应看到过去的你很优秀，但总有其他方面比你更优秀的人，正所谓"山外有山，天外有天"，还应看到你的优秀也许在某一方面，如学习上，但你的其他方面并不如别人，如唱歌、绘画、体育等方面。

假如你是由于片面的自我认识造成的自负，那么你就应及时调整自己看自己的角度，以前只看到了优点，这时你就该看到自己的缺点，如人缘不好、朋友少、自私、不守纪律、刻薄等等，但要注意别矫枉过正、转向自卑了。

假如你是出于自居作用产生的自负心理，那么你要明确你是一个独立的个体，在现今社会，只能靠你个人的能力，家庭、父母的优势不会有太大作用，他们有的不等于你已拥有。最后，你应看到，世界是不断发展变化的，你已有的优势在未来不一定还是优势，如以前注重铁饭碗，但现在已不再被看重；别人过去不如你不一定以后就不如你，你没有什么可以自负的。多找些名人传记看一看，看伟人是如何虚怀若谷，在巨大的成绩面前，他人是如何做的，你会有楷模的榜样，引导你正确对待你所取得的成就。

相信自己

训练内容

江同学，毕业于中国第一流的名牌大学新闻系。毕业后，分到了中国国家级新闻单位从事记者的工作，这是多少同龄女孩子梦寐以求的工作。按理说一个边远山区的农村姑娘能在政治、经济、文化十分发达的首都工作应该自信，努力工作才对，然而工作不到半年，她心理上就出现了问题。刚到单位工作，她首先感到自己来自偏僻的山区，同宿舍的三位城市的同事一定看不起自己。于是，生活中，她总是躲避她们，尽管她们主动邀请她一起光顾舞会，外出旅游。其次她认为自己来自农村，没有社交能力，口才又不行，怎么能胜任记者这一工作呢？尤其使她受不了的是，一次去商店买东西，售货员将她当成外地来的农村姑娘，根本没有理会她买化妆品的要求。"她们的眼里和行为上带有一种看不起、嘲笑、挖苦的情形，似乎我们这种人就不配打扮自己，没有资格享受美。"在这些她自认为的压力下，她整天处于抑郁状态，觉得自己很差劲，在单位里什么也不是，她连去与领导、同事、同宿舍的三位城市的同事告别一下的勇气都没有，也没有带走户口、没有办理组织调动关系，就回到了没有压力、没有自卑环境的偏僻山区里，在一所中学当了一名外语老师。

训练指导

她去山区教学支援家乡建设是一件好事，但她的真正动机却并非如此，而是自卑。自卑表现在事业、人际交往、婚姻生活的方方面面，自卑者的表现是：

1. 总感觉自己的能力、才智不如别人，什么都比别人差，做什么事都缺乏信心，担心做不好，怕被人耻笑。

2. 一旦学习成绩不好或下降，则处处贬低自己，孤立自己，不愿与人交往，总感觉别人看不起自己，过于压抑自己，悲观、失望，对什么都不感兴趣，封闭自己，在自己的小天地里受煎熬。

3. 情绪低落、忧郁，还伴有焦虑、失眠等。因而自卑影响了一个人事业的成就、对社会的适应及心理健康，往往导致其失败。所以，自卑者就要不自卑而要自信，怎样才能做到不自卑呢？

自卑者必须明确地意识到自己在什么地方自卑，然后找出原因，找出原因就等于问题解决了一半，领悟出自卑的来源就有助于放弃或解决它。

自卑的来源有的在于社会，有的在于家庭教育，也有的在于

自身的经历。

社会方面的有经济地位、政治地位、家庭背景等。这类原因产生的自卑比较少，随着个人的发展，有可能逐渐消失。

重要的是来自家庭教育的失误，这是导致自卑的主要原因。破裂及不完整的家庭，使青少年自小没有得到足够的父爱或母爱，缺乏了与其他同伴相比的优越感，这种心理上的缺憾或卑劣感在日后的成长过程中会成为妨碍其社会化的重要因素，影响与他人的交往，形成"我不行，我不会，我差劲"等自卑现象。父母要求你过分完美地做好每件事，在你做不到时，就会受到指责，这时你就可能怀疑自己的某一能力，甚至产生"我一无是处"的自卑感，到了成年，仍然带着儿童时期的自卑感，妨碍现在的整个生活，父母自卑往往也会导致子女自卑。

来自个人经历的自卑也有很多。如在爱情上，被人拒绝后，可能会产生我什么都不行的自卑感；在一次重大考试中，发挥不好，成绩不理想，可能会引起你想"我真差劲，学习不好，以后也不行"的自卑感；甚至在偶尔老师的一次提问中，你没有回答上来，就有可能觉得太丢人了，以后怎么见人呢？从而产生一种深深的自卑感。

如果你已经产生了自卑心理，也不要因为自卑而自卑。如果你已经找到了自卑的来源，还不能根除自卑，那么你可以采取以下几种方法：

1. 重新认识自卑。必须明确：自卑对于人来说是正常的，也是必需的，否则我们就没有上进心。人之为人，皆有自卑感，只是程度不同，表现在不同的方面罢了。没有自卑感也许就没有我们每个人改变目前卑劣地位与走出劣境的心理动力。

2．自卑补偿法。一方面的自卑可以通过其他方面的优越来补偿以纠正自卑。如你的长相一般，可以通过学习，用超出一般人的努力来补偿你先天的不足；你的社交能力确实不行，你可以通过学习诸如书法、雕刻、绘画、武术、摄影、雕塑、收藏等，获得他人所不及的能力。

3．升华法。如果你认为你的社交能力不行并因此而自卑，你的社交能力又确实影响未来能力的发挥，那么你就可以将改变人际关系、提高社交能力作为突破口；可以增加知识面以改变社交中的话题内容；可以在现有经济基础上修饰一下自己的在社交中的"风度"；可以在不影响日常生活的前提下，有意给自己创造社交机会，逐步提高社交能力；如果你自感外语水平差，使你对整个学习失去兴趣时，可以有意通过多读、多听、多写、多说来提高兴趣，提高外语能力。这种方法即什么差劲练什么。

4．欣赏自我形象。把最满意的照片或最得意的成果摆在你常学习的地方，以此激励自己，增强信心。注意端正外表，衣冠整齐。

5．调整理想的自我。理想自我的目标定得太高或根本不适合自己，就会在实践中不可避免地一次又一次地失败，理想的自我永远不能实现，自然就建立不了自信。理想自我的目标定得过低，就会失去前进的动力，安于现状，不求进取，也建立不了自信。所以要在老师、家长、其他同学的帮助下定出适合自己的理想目标。因为自卑者总是低估了自己的能力，有他人帮助则比较客观。定出目标后就要全力以赴去追求，同时在实践中也要适时进行调整。不断取得成功的过程，也就是建立自信的过程，成功有望，自信弥坚。

6. 培养乐观的生活态度。

7. 培养坚强的意志，不怕困难，不怕失败。

8. 自我鼓励，自我暗示，"我能做对""我能学好""我一定行"。

思维需要创新

　　谈起墨守成规，似乎老人身上更为普遍，他（她）们是"老古董""老顽固""古板"，等等。可是老人身上的表现最终来源于年轻时期的积累，表现在思维、行为甚至生活的每一个角落之中。小陈就是一个现代社会中墨守成规的年轻人。他满脑子的陈规陋习，凡事必有个"没有规矩不成方圆"的道理，比如女性就应文静贤淑，否则就是疯丫头；比如"父母在不远游"，长这么大没出过远门，考高中也拣最近的放弃最好的；比如人应该本分，他坚决反对他姐辞职下海。很多新生事物他都不接受，总是采取不相信的态度。他的脚冬天爱冻，别人劝他买双新问世的"红外线保暖袜"，他说什么也不试，坚决认为那是骗人的，所有广告都是蒙人的，好酒不怕巷子深，越大张旗鼓做广告的越是卖不出去的东西。开展活动他也缺乏创新意识，一定要问清以前有没有过类似活动，都是怎么开展的，具体的细节也打听得清清楚楚，然后分毫不差地照着办，是大家公认的守旧分子。可他认为这样保险，也是理所当然的，前车之鉴很有道理。

训练指导

墨守成规即对外部世界和自身保持着过分公式化的思维、行为和生活方式，当社会已逐渐变化时仍固守过去的思维、行为和生活方式不变，已经落伍掉了队，不合现时代的节拍仍浑然不觉。

墨守成规的弊处集中表现在：给自己和他人设立多种规矩和约束，进而变成前进途中的压力和阻碍。自己则更加明显地不知变革，不思创新。在封建社会和早期资本主义社会的文艺作品中，这类人被称为"保守派"或"旧礼教的护卫者"，他们不明白规矩是死的、人是活的。

在所有的墨守成规者中，似乎以下社会心理原因是形成墨守成规的主要因素，但同时又是墨守成规的后果。

1. 知识缺乏。

正因为缺乏科学的知识，自己才会对自身、外界所发生的事情没有识别力，所以就迷信某种已有的观念、做法和解释，从来不敢逾越既成的框框套套。还有一类人专业理论精深，但对其他的知识哪怕是一些基本常识也不懂，成为充满书呆子气的"守规者"，缺乏社会适应能力方面的知识。

2. 人际交往缺乏。

人际交往能使人相互增长知识、交流信息、获得社会生活的技能，取长补短，益处是很多的。如果一个人人际交往缺乏，就会越来越远离社会，最终落后于社会的思维、行为、生活与价值观念。通常，墨守成规者不是认为人际交往庸俗而怠于参加，就是因为死板不知变通而交往失败，所以导致人际交往缺乏。

3. 兴趣爱好缺乏。

兴趣爱好缺乏，或兴趣爱好单一，或缺乏社会交流也是墨守成规的原因之一。

4. 社会文化传统的影响。

在我们的社会、我们的文化中，似乎墨守成规者不易受到攻击，相反打破传统的人更易受到攻击、指责，很多人因害怕受攻击和指责而被迫处于墨守成规状态的生活中，采取这种暂时逃避的保护性的消极办法。"枪打出头鸟"，这类的古训他们牢记并坚守。

5. 其他一些不良个性的影响。

不良个性大多是相关的。孤僻，工作和生活内容单调，缺乏勇气与自信，有偏执、完美主义等倾向的人易导致墨守成规。

墨守成规对人的影响不仅是心理健康方面，更多的是对你人生的影响，如婚姻观。如果你总自觉思路不宽、思维狭窄，如果你在上述自测有一个以上的"是"的回答，你就应知道克服墨守成规有哪些方法。

1. 改变思维方式，学会"发散性思维"。

如做题想多种方法，如找"公理"的对手"婆理"，像"人多好办事"对"人多手杂越帮越忙"，"物以类聚"对"同性相斥"，又如找一日常生活中常用的东西在5分钟内举出它的可能用途，像"报纸"，它除了提供信息、擦玻璃、垫东西等常规用途外，还可以引火、叠纸、剪纸、练毛笔字、犯罪分子用来堵人嘴、乞丐拿来当被盖、做灯罩、卷东西、包书皮……总之，多做此类训练，开阔思路。

2．改变行为方式，尝试"新花样"。

常从一条路往返，不妨试着换一条；常去一个地方游泳，改日换一家；常看一类小说，不妨涉猎一下其他种类。凡此种种，为生活模式多创造一些新奇。

3．敢想敢做，勇于冒险。

改革开放后的今天，标新立异是受赞赏的。有了新的想法就不妨去行动。"点子公司"的"点子大王"们有多少新想法成为了可喜的现实。

学会用平常心面对现实

训练内容

他，自小学到初中一直是个佼佼者，备受老师、同学的瞩目。但自升入重点高中后，他就很难突出了，高二第一次物理考试他居然不及格。从此，他日渐消沉，对学习越来越没兴趣，对生活没有热情，一遇到考试就紧张，就想装病缓考，任何可能的表现机会都不去争取，成天闷闷不乐，感到外部压力太大，常常自惭形秽。

训练指导

压抑，在心理学上专指个人受到挫折后，不是将变化的思想、情感释放出来，转移出去，而是将其抑制在心头。压抑能起到减轻暂时焦虑的作用，但不是完全消失，而是变成一种潜意识，从而使人的心态和行为变得消极和古怪起来。

压抑有如下特点：

1．内指性。

当个体与外界现实发生矛盾时，个体不是积极地调整与外界的关系，而是退缩、逃避矛盾；退回到个人的主观世界，自我克制，自我约束，宁人息事，以求得内心平静。

2．消沉性。

回避矛盾不等于解决矛盾，只要矛盾存在，就不可避免地使个体体验到不愉快的情感。这种感受与日俱增，逐渐使整个心理消沉下去，心理压抑者自我感觉往往是很差的。

3．潜意识性。

受挫的思想和情感压抑在心头，久而久之，就会转化为潜意识。潜意识常支配人的需求和动机，如越是禁止的事物人们越是想去打听其奥秘。心理压抑和自我克制是有区别的。自我克制是在理智支配下，在一定场合对自己的情绪、行为做适当的控制，这是人适应环境的一种行为表现；而心理压抑则是无论什么场合，都对自己的情绪、思想、行为所做的过分的压制，其结果往往导致行为的异常。

压抑心理是怎么形成的呢？

1．从外部环境的影响来看，如果个体与环境不协调，有过多的挫折感，就可能产生压抑心理。其主要表现分为三个方面：（1）行为规范的约束。行为规范过多、过严或规范与个体的接受程度差距甚远，个体极易产生压抑感。（2）工作和生活、学习的压力。当个体的能力不能承担工作学习与生活的任务或者长期超负荷"运作"，不堪重负，痛苦压抑的感觉就会出现了。（3）紧张的人际关系。人有合群性，希望自己能被他人接纳。紧张的人际关系使人的精神和社会方面的需求不能得到满足，或"怀才不遇"，或遭人冷遇，自然会产生孤独无援的感觉。结果导致个体采取回避现实、压抑自我的行为。

2．从个体自身的主观原因看，有自卑心理的人易产生压抑心理。他们因自身的缺陷或不足，常受人讥讽与嘲笑，因而产生自卑感、自我否定感，并因无法摆脱而日益自我封闭、自暴自弃，从而产生压抑感。另外，抑郁气质的人和性格内向的人也易产生心理压抑，他们更习惯于把感情压抑在内心，并把其中的负性情感转化为压抑感。

了解了压抑心理的成因，我们就可以想办法调适、改变自己的不良心境。如果你感到压抑忧郁、厌倦懒怠，你不妨试试下面的办法：

1．正确看待自己。

遇到挫折，应先从自己的主观方面寻找原因。"勤能补拙"，你勤奋努力不够，"人无完人"，我不适合这类工作，但"天生我才必有用"，只要我积极有为。不要总拿自己和别人比，比别人好会自傲会不思进取，比别人差会自卑会消沉，自己的生活最重要，别人的境况与己毫无干系。要确立一种自强、自信、自立的心态。

2．不要怨天尤人。

抱怨是一种消极情绪，易使人与他人隔离，与生活隔离。遇到不顺心的事，不妨看成遇到阴雨天，把它看得自然而平常，不要心生怨气。月亮都有阴暗面，何况人类？不要把社会理想化，不要用自己的标准去衡量公平。起初可限定自己一天内不抱怨，然后延伸到一周、一个月，慢慢地你就学会正确面对现实了。

3．多读圣贤哲理与名人传记。

圣贤名人之所以成功，就在于他们能从挫折中走出来并始终保持积极热情的态度。人的一生会遇到许多挫折，如何战胜挫折，到达成功的彼岸？他们会给予我们许多启示。

4. 同充满精力和生气的人在一起。

不要老是把自己沉溺同样内向、气质抑郁的人群中，要相信身边有几个热情、朝气的朋友会帮助你点燃生活的火焰。

5. 积极做些富有建设性的工作。

克服压抑一定要培养出对工作学习和生活的兴趣来。每天学点新东西，美化一下周围环境，注意自己的仪表等等，越是无事可干越易发生心理危机，找一些建设性的事做，让自己的劳动成果愉悦自己。

6. 尽力实现自己的愿望。

如果想去郊游、看电影、跳舞或游泳，那就赶紧邀伴，赶紧行动，在满足愿望中，你会得到放松并发展社交。

7. 尽可能过有规律的生活。

定时起居，坚持锻炼，尽力去做好每件事。这样你会时时自觉生活有节奏感、成就感，也会越来越相信自己，越来越与众人相协调，与生活相适应。

用积极的心态面对人生

　　高三一女生在信中说："近年来，我渐渐地发现自己一向高挑、苗条的身材开始发胖。虽然看上去不属于臃肿体型，但我自认为已是非常胖了。一到夏季，我便发现自己穿不了短装，只因大腿太粗；不愿去游泳，因为身上赘肉太多，我苦恼至极。如今的校园，成双成对的现象（即所谓'早恋'）早已弥漫其间。作为一个各方面皆要强的女孩，另一个令我不能接受的事实是：根本没有任何男孩喜欢我、追求我！我知道，现在的我们不该谈'爱'，如果有人追求我，他所得到的也只能是坚决的拒绝。我想得到的是一种让我觉得自己在这方面并不逊色于人的安慰，一句让我拥有更多自信的话语。可我就是不明白：为什么别的女孩都有追求者，偏偏我没有？每当我看见某个年轻的男孩子，都会脸红心跳，心里想着，要表现好些，别出丑，说不定他会喜欢我、追求我。于是我变得过分矜持，过分做作，十分不自然，经常觉得生活很累。我一见到男孩子就不知手脚该放何处，该说些什么，做些什么。渐渐地，我原有的自信心一扫而光，变得十分自卑。学习成绩下降了——我更自卑！身材变胖了——我更自卑！我那曾经活泼开朗合群的性格也变成了易怒、暴躁、委琐甚至自私——我更加自卑，我觉得自己一无是处，毫无优点，整个人变得脆弱，不堪一击，自觉身边的朋友没人喜欢我，没人愿意再做我的朋友。"

训练指导

令人苦恼的原因有很多。有些是生理方面的不足，比如残疾、多病、个子太矮或太高、体型过胖或过瘦等；有些是家庭背景方面的不足，比如经济拮据、家庭破裂等；有些是个人经历中的某些挫折，比如学习成绩下降、失恋、毕业分配不如意、某种过错等；也有人因为自己的经历平淡而苦恼。

一些人由于这些原因会对自己作出一种片面的评价："我是一个不幸的人"。

"我失败了。""我是一个不受欢迎的人。""我从事这种工作不可能取得好成绩。"心理学中把这种"我是……的人"称为"自我意向"。它是建立在我们对自身的认识基础上的一种概括性评价。有积极的自我意向和消极的自我意向，上述自我意向就是消极的。一旦确立了某种自我意向，我们的言行便会不自觉地接受它的支配，并证实它的真实性。消极的自我意向使人的心理处于消极状态，使人做出消极行为，并把人导入恶性循环之中：因为消极的自我意向，许多该说的话不敢说，该做的事不敢做，该见的人不敢见，该爱的人不敢爱；又由于错失了这些机会，失去了获得良好的人际关系、优越的工作条件、美好的爱情生活的机会；样样不如人又会加重内心的自卑感和悔恨情绪，更加证实了消极的自我意向，因而整个人也就越来越消极，并成为个性的一方面。

改变消极的个性，首先就要改变消极的自我意向，要改变消极的自我意向，重在改变那些不合理的思想观念：

1. 改变对自我的完美化要求。即改变认为自己"应该"在所有的方面都优秀出众，至少不逊色于别人的观念。

事实上，世间根本没有完美无缺的"超人"。即便是伟人，他最重要的也只是比常人更充分地挖掘了自身潜存的某些优点，从而在某一领域出类拔萃，获得人生的成功。在这一领域之外，他也会表现出自己的无知或无能。

2. 对自身缺点的过分概括。一旦发现某种不足，不是作出"我只是这时候在这一环境中这一方面不如某些人"的合理评价，而是高度概括为"我不如别人"的错误结论。

比如一位身材较胖的女孩，她可能肤色比别人白皙，或性格比别人温柔，或身体比别人健康，学识比别人丰富……当她发现了这些，并充满自信地走入人群时，人们将感受到她的魅力并不逊色于别人。因此，我们应更多地注意自身的优点，确立积极的自我意向。当我们把精力集中于培育自身的优点时，我们的缺点就会像一棵缺少养分的小草，逐渐枯萎。对他人反应的过分敏感，认为自己注意到的缺点别人也都注意到了，因而对他人的正常言行作出不合理的归因。

不少人私下里学会了舞步，但在舞会上却不敢跳舞，生怕出丑。"那么多人看着，跳错了多难堪！"事实上，在舞场，观众的

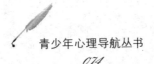

视线总是被那些舞技超群的身影所吸引，正如社会生活中，人们乐于关注成功者的行踪。我们不必害怕他人的视线，倘若众人都注意着你，那就说明你有许多的东西令人羡慕，你要有理由对自己说："我很幸运！我不错！"

3. 认为已经发生的事情无可改变。因此放弃努力，陷入一种"糟糕透顶"的悲观情绪之中。任何事物都有它特定的时间和空间背景，而人生的挫折和不幸也有它特定的心理因素。同样一件事情，在不同的时间、从不同的角度、以不同的心情去看待，可以得出截然不同的结论。如果说一株幼苗长成参天大树是喜事，那么，一棵大树化为一堆朽木也并非"糟糕透顶"——朽木可用于培育菌种，为新的生命提供充足的养分。

每一位成功的人士，都对自己充满信心。纵然是遭遇挫折、身处逆境，他们都会有这样的意念："我是一个坚强的人，我能够面对困难、战胜不幸！"正是这种积极的自我意向，支持他们一步一步走出困境，走向成功。

让生活充满阳光

　　1997年5月29日凌晨，北方某大学震惊了，该校94级学生王红梅跳楼自杀了。认识她的老师和同学先是惊愕，继之惋惜。惊愕的是她怎么会自杀，惋惜的是如此前途光明的优秀学生竟自杀了。王红梅的成长道路是很令同龄人羡慕的。她的父亲是某大学副教授，母亲是某高校校长助理，在父母的严格要求下，自小她成绩就十分突出，高中毕业被保送进大学。在大学，她担任学生干部，成绩突出，连续两年获奖学金，两次被评为校优秀学生，很快她参加了党校学习，成为一名非党积极分子。但就这样一个优秀的学生，竟在即将读完大三的时候放弃了生命，怎么能不令人为之惋惜呢？惋惜之余，师生们不禁要问："她为什么自杀？"从她的日记中可以了解到她的自杀来自对生活的厌倦。"生活毫无乐趣可言，就是学习、考研，考上研究生能怎样呢？不过还是学习，没有娱乐，没有轻松，这样的生活我实在厌倦了。生活的意义难道就是学习吗？"终于在试讲成绩不理想后，继之而来期末考试的紧张复习，更加剧了她对生活的厌倦，一切都是累，于是在那个雷鸣电闪的夜晚，她以死来摆脱了令人厌倦的生活。

训练指导

在咨询过程中发现，青少年中有很大一部分人对生活都有着不同程度的厌倦。因为厌倦，他们学习不起劲儿，工作不认真，生活态度随便、消极、悲观，一切都持无所谓的态度，即便少数人可能会在家庭、同学、老师等的压力下努力学习，但内心也是苦闷的，并对这种生活越来越厌倦，最终导致厌世而轻生。厌倦已严重影响了部分青少年的生活和学习，给他们的身心带来极大危害。

厌倦的产生与青少年的心理、生理特点和活动方式、工作性质有着极大的关系。青少年精力充沛，求知欲强，有强烈的好奇心，因而愿意并易予接受新鲜事物，加之身体健康，行动敏捷，适合并乐于进行刺激性活动。但青少年时期又是长知识的重要时期，由于社会竞争越来越激烈，这要求青少年要具备丰富的学识，以增加竞争条件，因而父母、学校对青少年的要求也越来越严格，把青少年的生活方式仅限定为学习——吃饭——睡觉这一简单的模式，这与青少年好玩好动的特点极不符合，因而导致青少年对这种单调的、一成不变的生活方式极为厌倦。又由于他们的独立性差，无力摆脱这种方式，更不能改变，也不敢埋怨父母、学校，只能将厌烦直接指向生活本身。长期下去，就易使青少年对这种生活的意义产生怀疑，但由于知识面窄，对生活的认识有限，思考肤浅，故难以理解学习、生活的长远意义，只就目前的情况而得出"生活实在没意思"的厌倦情绪。不能用发展的眼光看待生活，当再受到挫折、打击、压力的时候，就很容易走上极端——彻底摆脱。

那么已经对生活产生厌倦的青少年朋友如何才能重新树立起生活的信心，充满对未来的憧憬呢？既然我们知道了厌倦的根源，那么我们就要针对这些根源而制定出对付厌倦的方法。

1. 谈话法。

敞开心扉，向老师、同学、家长乃至心理学工作者倾诉你对生活的厌倦，引起他们的重视，及时得到指导与帮助。

2. 认知疗法。

提高对生活的认识，将目光放长一点儿，不要局限在单纯的学习上。目前的学习只是为后来的工作、生活奠定基础，现在苦一点儿，以后就会轻松一些，生活更幸福一些，正所谓先苦后甜。别将学习看做是一件苦差事，而应变苦为乐，在解对一道题中体会成就感；做对一道化学题就对变幻莫测的物质世界又多一份了解。错了也没关系，失败乃成功之母吗。

3. 行为疗法。

主动参与各种活动，使生活丰富多彩。也许你要说"没有机会"、"父母不让"、"没时间"等。你对生活已经厌倦了，何不改变原来的生活呢？为了有时间，你一定要采用谈话法，跟父母、教师说明之后，你就可以有时间了。他们认识到厌倦的严重性之后，一定会给你部分自由，这已足够了。你可以听听音乐，在优美的乐曲声中，放松自己，随着音乐的节拍一呼一吸，充分休息，将一切的不快暂放一边。你也可以打打球，羽毛球、乒乓球、网球，甚至篮球都可以，每击一下，打出你心中的怨气，当你汗流满面的时候，一定轻松不少，如果再睡一觉，那么厌倦离你就远了。你还可以学学下棋，象棋、跳棋、围棋都可以，每学会一样棋，你就会多了一种自豪感，如果再赢一盘，那你更会有胜利的喜悦，因而你需要找个棋艺不如你的棋友，才能保证赢多输少。总之什么活动你都可以参加，参加之前也许你因为厌倦会说："此活动又有什么意思呢？玩完之后不还得那样生活吗？"建议你这样的时候也要参加活动，因为在活动中你会体会快乐，活动结束后你会得出"生活并不在于结果，而在于过程"的结论。

4. 观察法。

观察你周围的同学，看他们是否也和你一样，大部分都在努力地学习，苦也不是苦你一个，大家都苦。有机会到偏僻的地区看一看那些上不起学而渴望上学的孩子们，你的收获一定很大。观察快乐的同学、苦闷的同学，你就知道你该如何做了。

5. 帮助他人法。

帮助那些如同你一样对生活厌倦的人，你在帮助别人的同时也在帮助自己。多做好事，给他人解决困难，你会在他人的感谢声中发现自己生存的价值。

6. 分步提高法。

给自己制定一个个小的目标，易实现的，一个个达到。不要太大，太大不易实现，会使你灰心丧气，反而会使你更加厌倦。

青少年朋友们，在成长的过程中，厌倦只是偶尔的一个低音，当你用灵巧的大脑和手指弹拨着上述几个音符的时候，你就会发现生活的最强音。

不要苛求理想境界

训 练 内 容

鲁迅先生的短篇小说《风波》中，有个人物叫九斤老太，她是个爱挑剔的人。从子嗣的体重挑到皇帝登基的排场，从米饭颗粒的大小挑到听书说戏的内容，唠唠叨叨地重复抱怨的结论：一代不如一代。小说中这种挑剔是无人理睬的，除了告诉读者当时群众的不满外，再无实质作用，而生活中这样的挑剔是会大有反响的。雷华公开承认他"很挑剔"，他中专毕业后就自己去找工作，他嫌当时分配的工作不好，之后两年内换了四个地方，干不到几个月就辞职。问起原因来，他总是理直气壮地抱怨，不是上司无能独断就是同事素质太差，不是待遇不好就是环境太差，总之是有难以容忍的毛病，他现在干脆待业在家了。他的挑肥拣瘦自然受到家人和朋友的不满，他觉得自己"只是要求比较高但很讲理"，"现在人就是听不进批评，不能实事求是只会得过且过"，

感到很受委屈。他觉得自己的挑剔很有道理，愤愤不平的样子，却不知这种消极的"挑毛病"会害了自己。

训练指导

挑剔是一种苛求理想境界的不良个性，但与完美主义有区别。前者是针对他人，以批评、埋怨外界的人和事为典型特征；后者则以自己为主要对象，以追求完美的自我为普遍特征，它常导致自卑、紧张、忧郁等等的产生。挑剔直接导致的是自己与外界之间的矛盾，如互不接受，自己看不上外界，外界也不能包容接纳自己，如人际关系紧张，常批评唠叨当然会伤害别人。

日常生活中，我们难免会遇到不愉快、不满意的人和事。因为世界是物质的而不是意志的，人都会犯错误，都会有不足之处。这些时候，我们可能禁不住要评论一番，提提建议，或是指出别人的错误。但是，如果你只为了发泄不满，口气严厉，表情不善，只会是不受人称道的挑剔了，你就会成为只为挑毛病而指出毛病的"挑刺儿"了。后果是被指出毛病的人会怨恨你，被指控的事物的主人和旁观者都会对你不满："怎么这么挑剔!"一点建设性的积极作用都没有，包括对你自己，因为状况毫无变化，你只能像九斤老太那样接着自个儿不满去。

挑剔必须克服，这点应该明确。

挑剔可以克服。下面的方法将会让你明白：

1. 接受一些现实的不完满。

社会要进步，人类要发展，自然就会有缺陷的地方，这需要我们去理解和接受。挑剔是一种逃避的理由，是毫无用处的浪费时间。你可以发泄一些不满，但心中要明白：这没用。多问问自己：我该怎么办？别养成越不顺心就越看什么都不顺眼。积极的心态要始终保持，或努力改变环境，或改变对外界的看法，或两者兼顾。坚持一个原则信念：现实是不完满的，你可以对此有所作为，但不包括挑剔。生活中的不完满已很令人难过了，又何必反复强调这一点呢？

2. 就事论事地解决问题。

除非字斟句酌，小心谨慎，否则挑剔的言辞不能解决问题，化解矛盾，相反会使问题激化，矛盾升级。所以出现不满时，你不要尖锐地埋怨，不要无情地批评，而是应该想办法，就事论事地解决问题。挑剔之所以成为挑剔，就因为它只顾一个接一个地发现问题却从不去考虑解决办法。比较下面两句话：（1）"你真自私，东西就知道自己吃。"（2）"你要是能和小弟分这个蛋糕吃就好了。"注意第二句话里并没有给问题加以评论，只是提供了一个可行的办法。因此，只要你养成习惯建议别人如何改正，而不是批评别人的挑剔口吻，你们都会因之受益。"你的孩子就会大喊大叫。"应该换成"我觉得你孩子要是不大声叫喊就更可爱了。"对待事物你则应该养成习惯去行动起来，能改变皆大欢喜，不能改变就和别人一起忍着。"这儿的灯太暗了。"最好改变"我换个地方去做作业"之类的建设性行动，别在那空挑剔、没办法，白造自己一肚子怨气，有害身体健康。

3. 找"但是"，善解人意。

遇到可挑剔处，不妨宽容一些，主动找一些理由来开脱，使之合理化。这就是找"但是"的方法。举个例子：这个月的助学金七扣八扣确实所剩无几了。你在抱怨之前，在这个陈述句之后补个"但是"分句，如"但是这也是有理由的，并非某个人的贪污，人人都扣了，集体活动的费用也只有靠这个维持了"。这样一想，挑剔的情绪也压下去了，心胸也开朗多了。有一种很有效的"但是"句子，你也可以在适当时候用一下：XX是不对，但是如果现在我是他（她），我希望能放我一马。他（她）一定也这样希望。

4．"阿Q"式自我安慰。

也许你心理不能保持平衡，那就学学"阿Q"，与更糟糕的人和事相比，觉得庆幸去吧，就不会再挑剔。横比纵比均可，灵活运用，把要挑剔的变成要赞赏的。

几种方法具体情况具体对待，坚持一周、一个月不挑剔，时间长短可自定，其后写下自我感受，是否人际关系融洽了些，心情愉悦了些，不顺眼的地方也少了一些。

不要以自我为中心

训 练 内 容

"我连自己的事都管不过来，哪有心情顾他人之事。"这是小羽的口头禅。从小小羽作为独生子就是家里的"轴心"，爷爷奶奶、姥姥姥爷、爸爸妈妈都围着他一个人转，他习惯了别人的关心而不会去主动关心别人。他除了自己的学业和身体状况外什么也不管不问，生活方式就是自身的小圈子，大家评价他生活单调、心胸狭窄、缺乏远见、偏执孤僻、缺乏责任感。小羽自己也感觉越来越有烦恼。虽然他学习挺好，可课堂上一回答问题就紧张，他相信一些与他作对的同学、一些嫉妒的同学，一定会在等着看他回答问题出错时的笑话。上次回答错了问题，大家一定没少议论，甚至放学后在回家的路上，他都觉得周围的同学在议论他。总之，他相信他人一定时时、事事在注意自己。还有一阵他失眠了几天，结果他把全身心都投入到自己的失眠问题上。早晨刚起床便开始回忆昨夜什么时候醒过，醒过多长时间；从中午开始恐惧，担心今晚如何入睡；晚上入睡前泡脚、深呼吸数数等等。一切能用的办法都用了，可就是不管用。后来找到心理咨询老师，老师说他太关注自身的症状了，他有些茫然。

训练指导

小羽是个典型的以自我为中心的例子。这类人有这样一些典型特征：

1. 过分关注自身健康及症状。如小羽对待失眠。事实上，他后来主动去关心一下周围的人、事，脑子和身体一忙起来，失眠不治而愈。

2. 他相信别人一定时时、事事在关注自己，因此也更加自我关注，眼光无法越过自己去看别人和外界。

3. 思维方式和对问题的看法总是从自我角度考虑。"我认为……所以他应该……不应该……"这是他们惯用的逻辑。

4. 与他人相处，他们总是考虑自己的需求。亲人病了他很难过，原因是没人照顾自己了。总之，这类人只对自身相关事物感兴趣，生活在自我的小生活圈中。在生活中，只要与己无关，他们就是旁观者，而不是一个真正的参与者。

为什么会只以自我为中心呢？

1. 从小处于家庭的中心地位，家庭关注过多，长大后思维与行为已形成习惯，心理上仍将同事、同学、朋友当成父母的形象来依赖。只会考虑自己的存在，而不考虑他人的存在；只会对自己有利的事负责任，其他事与己无关……思维方式的原则就是围绕"自己"转。

2．一个受到家庭遗弃、打骂、放任不管的人，由于没得到足够的爱，也许是发泄其不满，也许是没学到其父母如何关心他人的行为，因此，长大就成为自我为中心者。

3．一个生活单调、缺乏人际交往、文化程度低、生活圈狭窄、视野局限，不能得到外界信息的人，如处于贫穷偏僻地区，他们肯定只懂他所知道的那点东西，思维方式不会超出他的知识和认识问题的范围。

4．一个信奉消极、颓废价值观念的人，抱着"人不为己天诛地灭"之类的信念的人，一定会表现出以自我为中心。

5．一些不良的个性品质也易导致自我为中心。一个自负的人，一个虚荣的人，一个依赖性强的人，一个空虚的人，这些人都易成为自我为中心者。

自我为中心的个性必须克服，它可能使你人际关系紧张，周围人远离你、孤立你；它可能使你对他人、社会产生敌意；它可能是你心理不成熟、见识不广的重要原因；它可能是自恋性人格变态的形成原因与症状表现；它是多疑、被害妄想、癔症等心理障碍的成分之一。它必须克服，因为我们可以克服。将生活精力投向自我以外的工作、学习、生活、人际交往、信息、爱好……我们的视野开阔了，见识广博了，思想不再渺小，知识不再浅薄，对社会和他人的看法不再是狭隘的态度。

超越自我为中心的可行途径有：

主动满足自己的生理、心理需要，并且不满足于这种基本的需要。

主动承担社会各种角色，又不固定在这些社会角色上。

主动与他人交往，但又不依赖他人。

主动帮助他人，但又不期望回报。

主动改善与家人的关系，但又不仅局限在家庭的生活圈之中。

积极地学习，将消遣、娱乐、艺术、幽默融于学习、生活之中。

有健康的信仰，但又不盲目崇拜。

学会驱赶抑郁的心情

　　她是一名高一的学生，来信说："我这个人，整天心中总是不高兴，觉得自己每天都碌碌无为，而且还会给人造成麻烦，自己却解决不了。我的性格比较内向，在班级也不太爱说话。其实我也想像别人一样，性格开朗，善于言谈，但我却不知与同学说什么。我想说的，我所想的，我觉得与其他同学不一样。所以我就不愿与同学说话，但我又想接触同学，不想搞'独联体'，这种心情一直困扰着我。我的心思特别多，也许别人想不到的，我却能想好几回。我会把自己做错的事，别人也许并不在意的事反复思量，认为是自己的错，自己太笨，因而很难过，心里更不高兴……我还非常的要强。我总是想，别人能做到的，我也能做到。可是当别人做到时，我却没做到，我就非常难过，甚至会在别人没看到的时候自己哭，总是恨自己太笨，总是处于苦闷状态。我最难过的还是晚上睡觉的时候。在晚上睡觉时，我会想起一天中发生的事，如果有不顺心的事，我会总想，并且会非常难过，这样我就非常难入睡。睡不着，我又难过了，因为我又会想明天的课程，因为晚上睡不着，在白天的课上会打瞌睡，耽误课，这样我就更难过，两方面相加，我就非常的痛苦，心情也总是处于压抑、郁闷的状态中……给您写信的时候是我最痛苦的时候、最难受的时候，我想向您倾诉，想问我的心理是否有病，是否应找心理医生来看看？我真不知道该怎么办才好。"

训练指导

这位学生所表现出来的心理特点和行为其实就是由于不良个性——抑郁所导致的。

抑郁表现为鲜言寡语，孤独沉默，郁郁寡欢，闷闷不乐，忧心忡忡。对一切事物都缺乏兴趣和参与的动力，对未来感到迷惘，失去信心。一点细小的过失或缺点也会带来无尽的烦恼和懊悔，总是过分自责，自怨自艾。遇事总往坏处想，认为自己是无辜的人和不受欢迎的人。对别人，又总认为样样比自己强。这种人看上去精神萎靡，表情冷漠，他们自己也常诉说倦怠无力、食欲不振和睡眠不佳，严重者甚至会萌发轻生念头。

造成抑郁性格的原因颇多：

1. 从小在家庭中受到歧视和虐待，在学校里受到不公正的待遇，严重挫伤了自尊心。

2. 自幼在不健全的家庭中长大的孩子，由于受到别人的歧视，易形成过于敏感、多愁善感等性格特点。长大后再遇不测、一点点的失败、挫折等都会使他们郁闷不快，耿耿于怀，使抑郁的性格越发明显、严重。

3. 生活过于单调，思想闭塞，缺乏与人交往的机会，情绪长期受到压抑。

4. 家庭中发生了重大不幸，学习又力不从心，工作成绩不佳或恋爱受挫等造成心理负担过重。

5. 责任感过强，对事物要求完美，因而把所有责任都归咎于自身，对于自身的缺憾郁郁不快，这两者都可导致对自己的失望，恨自己无能，因而形成抑郁的个性。针对不同原因，克服抑郁个性也有好多方法：

1. 主动寻求他人帮助。

如果你一直感到闷闷不乐、心情压抑、悲观失望，那么你应该勇敢地、主动地把你的感觉、你的想法告诉家长、老师和朋友，这样老师和家长才能密切配合，为你创造一个愉快的生活环境，尽量安排、吸收你参加集体活动，增加你与同学交往的机会。

向好朋友倾吐你的抑郁，让他们了解你，他们的开导与关怀对你来说是很重要的，可以让你了解到人人都有不幸，还有比你更不幸的人，责任也不全在你，从他们口中可以知道真实的你，从而使你增加自信。

2. 学会达观。

所谓达观，就是要懂得社会与人生的辩证关系。也就是说万事如意只是一种美好的愿望，实际上是不可能实现的，有如意之事必会有不如意之事，正如古语说"人之逆境十之八九"，但"塞翁失马，焉知非福"，不如意之事未必就是坏事。即使遇到再大的困难也不要泄气、束手无策，"车到山前必有路、船到桥头自然直"，再大的困难总有解决的办法，解决不了又能怎样？顺其自然不强求，不必把一时的困难看成是永久的困难，把局部困难看成是整体的困难。对于困难来说，只要你能坚持不懈地努力，"山重水复疑无路，柳暗花明又一村"将不是一句空话。法国作家大仲马曾经说过：人生是一串由无数小烦恼组成的念珠，达观的人总是笑着数完这串念珠的。许多事情，只要能用乐观的精神，用发展的观点来想一想，抑郁、忧愁就会烟消云散的。

3. 淡泊名利。

名利又是过眼云烟，但追求名利的过程却让你疲惫不堪，人生的目的并不在于结果，而在于过程，使整个过程都充实而轻松并给他人带来幸福的将会是成功的人生。

4. 助人为乐。

一味地自怨自艾解决不了任何问题。假使你真的做错了事情，那么你可以用帮助错误的受害者来解除自己的心理负担，在帮助他人的过程中，你会认识到你自身的价值，从而充满对未来的信心。

5. 建立心理防御机制。

采用"合理比"机制，即寻找引起忧愁、郁闷的事情发生的"合理"原因，以弥补心理上的创伤。

宣泄法，躲进一个僻静的角落自言自语，或写日记、写信，把忧愁和不满宣泄出来，你会轻松不少。

6. 体育疗法。

体育锻炼是提高人们情绪的良药。锻炼可以使人的精神和心

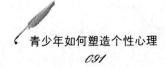

理产生变化，进而促进人的身心健康。由于锻炼是个人在亲身体验，而不是坐着不动，所以，锻炼后可以给人一种轻松和自主的感觉，有益于克服抑郁个性所带来的孤独感。

7. 仪表保持整洁，增强自信心。

美好端庄的外貌不仅使别人对你有好感，重要的是会使你自己信心倍增。如果自己打扮邋遢，心情也会一如外表一蹶不振。

不要让嫉妒心毁掉你的一生

　　他自小成绩优异，总是第一名，直至大学，上完大学又念研究生，仍然是出色的，后来就出国留学，在美国爱和华大学读博士。他出色的才能、孜孜以求的精神令老师大为欣赏，因而导师对他刮目相看，委以重任，他的前景似乎一片光明。一年之后，又一位中国学子来到了爱和华大学，和他攻读的是同一门学科的博士学位，从师同一位导师，和他同样的出色，甚至稍好于他。于是这位导师对新来的学生更加器重，把曾委任于他的重任给了新来的学生。这使他的地位远不如之前了，提前毕业的光荣也即将被同门师弟所抢走，眼看着光明的前景逐渐暗淡。他受不了这小小的失败，以前他总是最好的，受到最高的奖励，可如今什么都没有了，一切都是由于这位该死的新生，由于导师的偏心，于是他憎恨师弟，憎恨导师，也憎恨爱和华大学，既然我不好，你们也别想好。于是在充分准备下，当校领导、导师和他的师弟在一起开会的时候，他闯了进去，掏出早已准备好的枪将其师弟打死，又打死了导师、校长和其他两人，重伤一人，然后自己开枪自杀。

悲剧已经发生，两个优秀的博士生同时丧生，原因并不单纯在导师的身上，而是由于他自身狭隘的嫉妒，不能容纳在他周围出现比他优秀的人物，他也不承认别人的优秀是真的优秀，而认为是他人偏心的结果，由此而怀恨，结果毁了自己也毁了他人。

训练指导

嫉妒是看见别人某些方面（才华、成就、品质、相貌等）高于自己而产生的一种羡慕，也是不甘心自己无条件落后别人而恼怒的情感以及由此所导致的相应行为。嫉妒者往往不择手段地采用种种办法打击其所嫉妒的对象，因而无论对学习、对工作，还是对集体、对他人都会造成有害的影响，对嫉妒者本人的身心健康也会产生不良影响。德国心理学家梅赫德说，大部分嫉妒者都会出现心身疾病，如胃痛、背痛、神经衰弱等。

嫉妒心理产生的原因是多方面的，既有外部原因又有内部原因。外部原因主要有：

1. 客观条件相当。当一个与自己在学历、年龄、经历、家庭背景等客观条件相当的人，居然超过了自己，比自己处于优越地位，这样的情形容易使自己产生一种嫉妒心理。嫉妒一般产生在同性别之间。

2. 客观条件过去一直不如自己，目前居然处于超过自己的地

位。

3. 过去一直是自己所厌恶的人，现在却比自己处于更高的地位。

4. 过去相信他的能力不如自己，如今却似乎超过了自己，因此内心产生出一种不平衡乃至嫉妒的情绪。

外部原因如果再加上以下内部原因，强烈嫉妒的产生将是不可避免的了。

1. 以自我为中心，占有欲特别强。对某一荣誉有种特殊的占有欲，当别人获得时就会产生一种嫉妒情绪。

2. 过分自我感觉良好的人，他们唯我独尊，老子天下第一，傲慢、专制，似乎谁都不如他，因而当别人处于相对优势的地位时便产生嫉妒。

此外，自私、虚荣、自卑心理的人都易产生嫉妒情绪。

但是在日常生活中，很多人都不承认自己有嫉妒心理，这是因为人们一直认为嫉妒是一种让人非常讨厌的情感，是不道德的行为，象征着人性的弱点与丑恶。因此，现实生活中，尤其是在显然的嫉妒关系、嫉妒情景中，嫉妒的情感被诸如有上进心、不甘拜下风、竞争意识强、进步向上等积极的词汇所描述。但是不可否认的是我们都不同程度的存在嫉妒心理，尤其是在学校中和刚进入工作岗位不久的青少年身上，很明显地体现出来。要超越这种人性的弱点，我们可以通过积极的方式来升华这种人性的弱点。

1. 善于自知。

我们应该懂得，不服输，不甘落后，固然是人进步的动力，但事事在人前，样样不服输，却是不可能的。一个人限于主客

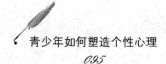

观条件的限制，不可能"万事如意"。因此一个人既要不服输又要服输。不服输是为了使自己进步，服输是为了更好地向别人学习，以便不断进步，这样可以消除过强的好胜心所产生的嫉妒情绪。

2．角色替换。

也就是将心比心，设身处地地站在自己所嫉妒人的立场上想一想：要是我处在对方的立场上，取得对方那样的成绩，别人也打击我、憎恨我，我心中将会感觉如何？这样从情感上加以体验，就会认识到错误念头给他人带来的危害，你的心地就会善良起来，许多杂念、邪念、恶念，就会在萌芽中被抑制住了，并会衷心地祝贺对方。

3．充实生活。

培根说："每一个埋头于自己事业的人，是没有工夫嫉妒别人的。"确实，对别人的成绩，与其消极嫉妒，妄图打击别人以抬高自己，或无视事实，夜郎自大，倒不如唯恐落后，奋起直追，通过加倍的努力来缩小彼此间的差距。这样做就可以化消极的嫉妒为积极的进取了。

4．帮助你所嫉妒的人。

如果你总是处于对立状态来对待对方，对方内心里也会讨厌你，厌恶你，有时也会反唇相讥，甚至以牙还牙。而本来就怀着不满、气恼情绪嫉妒的你，自然会更加生气和愤恨，影响自己的身心健康不说，还让你失去了一个优秀的朋友，反倒多了一个劲敌。如果你反过来帮对方改变不如你的地方，则不但可以改善你俩之间的关系，还可以获得对方的帮助，使双方都取得进步，嫉妒就会被希望对方取得更大成绩的友情所替代了。

如果上述办法还不能令你心平气和于对方所取得的成绩，那你可以采用向他人倾诉法。他人的安慰与批评自然会冲淡你的情绪，随着时间的流逝，你的嫉妒也会慢慢地融化。

豁达大度，宽以待人

　　她，在家是老小，因而父母、哥姐都很宠她，把最好的东西都给她，她的东西却轻易不让人动，即使动了，也要千叮咛万嘱咐：别弄坏了，别弄脏了。自小父母就教导她："不要随便吃人家给的东西。""不要随便占人便宜。"这本来是好的，她也照做了，并很受人夸赞。但再大点儿之后，她由于恪守这些教导，从不占人便宜，因而也很不愿意别人占她便宜。有一次，邻居小姑娘向她借一件新衣服穿，她哭着不愿借，后来终于没借给人家。小学、初中她的这种性格不太明显。到了高中，她离家在外读书，和同学同住寝室内就越发明显地暴露出来了。一个寝室，十多个人，谁都有用着谁的时候，为此她很苦恼。尤其是寝室内有两个人总爱贪小便宜，洗衣粉没了，长期不买，洗衣服的时候就这个用一点儿，那个用一点儿，她看不过去，用她的时候，她更不愿意。

吃饭的时候，她不去吃别人的，但别人总吃她的，时间一长她想这样太亏了，于是也吃点儿别人的，但心里不乐意，她说："想吃自己去打呗，干吗吃别人的呢？"别人给她的东西她也很不愿意吃，吃了人家的，就欠了别人的，自己也得给别人吃，不吃不就可以不给了吗？但寝室的生活就是这样的，她也不能表示出不满，怕人说她"小气、小心眼"，可她又实在不愿别人动她的洗发精、香皂，甚至毛巾、澡巾之类的，她嫌不干净，可偏偏有人用，于是她整天就为这些小事儿烦恼不堪。高中学习又那么累，她心情又总受这些小事儿影响，后来就得了神经衰弱，竟没考上大学，她本来成绩是挺好的，完全可以上一所不错的大学。

她高考的失败就是由于狭隘的性格造成的，由于狭隘，她不愿别人动她的东西，不愿人占她便宜，她的处世观就是"你别求我，我也不求你"的"闭关"主义，总是耿耿于怀于别人占她的便宜。

训练指导

狭隘俗称"心眼窄"、"小心眼"。这种人受到一点委屈或碰到很小的得失便斤斤计较、耿耿于怀。具有这种性格的人，又极易受外界暗示，特别是那些与己有关的暗示，极易引起心理的内部冲突。有狭隘性格的青少年感情脆弱，意志薄弱，办事刻板，谨小慎微，有时发展到吝啬、自我封闭的程度，不愿与人进行物质上的交往，他们总是分清和别人之间物质上的瓜葛。狭隘性格一经形成，就会循环往复地自我折磨，甚至会罹患忧郁症或消化系统的疾病。

造成狭隘性格的原因有很多。例如不当的家庭教育，正如这位女学生，受"不随便占人便宜"的教育，发展到"别人也别占我的便宜"，长期发展下去，就会形成狭隘性格。父母的行为方式也影响子女。如在家庭中，父母心胸狭窄，办事刻板，不肯吃一点亏，则其行为肯定会潜移默化地影响其子女的性格。在同学交往中，如果有人不拘小节，随便使用、糟蹋别人的东西，也会从另一角度强化某些人的狭隘性格，如上面这位女同学在寝室生活中所遇到的另两位同学所带给她的影响。抑郁气质的人，在过强的心理创伤刺激下，也容易形成狭隘性格。如偶尔的用了一下别人的东西，被人斥为"你干吗总用别人的东西呢"？就可能想不开，发展为那你以后也别再用我的东西，由此而泛化到其他所有的人，不愿别人用自己的东西。

由于狭隘性格影响人的情绪，阻碍正常的人际交往，影响生活、学习、工作，所以狭隘性格的人极希望克服掉狭隘，恢复好心情。可以这样做：

1. 充实知识。

人的"心眼"与其知识修养有密切关系，培根说："读书使人明智。"一个人知识多了，立足点就会提高，眼界也会相应开阔。此时，就会对一些小事、小利拾得起、放得下、丢得开。当然，满腹经纶而心胸狭隘的人也有，但这并不意味着知识有害于修养，只能说明我们应当言行一致而已。因而狭隘性格的人要多读一些道德修养和人际交往方面的书籍，培养自己的集体主义精神。

2. 主动矫枉。

知道自己的狭隘，首先不要掩藏自己的狭隘，而要勇敢地承认，而且要向一起生活、学习、工作的周围人承认自己狭隘，告诉他们"我其实是在意你们如何如何做"、"我希望咱们应以什么

样的方式交往"。这样人家一般来说都不会再轻易讨你便宜，时间一长，你自己就会觉得不好意思，自己好像被孤立了，于是你就会很愿意把自己的东西拿给他人用，并为由此而换来的他人的帮助、和谐的人际关系而心情舒畅，狭隘由此而克服。

3. 宽以待人。

人作为社会中的人，必然要在社会中生活，就免不了要与别人发生交往。为了使交往顺利进行，应该本着人际交往的互酬原则。也就是说，在交往中，不要只想到自己吃亏，想到自己的私利，甚至还想从中得到别人点儿好处，须知，在一定程度上，你付出多少，最终也会从别人那里得到多少，即使不是立即，以后也会的。中国人向来有"受人滴水之恩，当以涌泉相报"的思想。因此，豁达大度，待人以宽是我们待人处事应遵循的一个原则。只要不是原则的事，不影响大节，就不必斤斤计较，不要吃一点儿亏就如骨鲠在喉，患得患失。俗话说："容别人就是容自己。"这是很有道理的。

在忍让与克制中消除偏执

训 练 内 容

　　王某，男，18岁，高中三年级学生。学习的平均成绩85分，智力测定智商为107，属正常范围。该生经常顶撞班主任，对班集体活动有逆反心理。故老师和同学都认为他思想落后，脾气不好。但经过SCL—90量表（即精神卫生自评量表）测定，发现他在"偏执"一项的得分较高，比正常值大60%以上，而且"敌对"和"人际关系"分值也较高，诊断为偏执型人格。在心理咨询时，他说："我这个人对任何人，包括班主任和同学，甚至自己的父母亲，都抱着怀疑态度。""我总是对别人存在戒心，老是猜疑他们对我不怀好意，所以看不惯就要顶牛，发脾气。"

训 练 指 导

　　偏执型人格又叫妄想型人格。其行为特点常表现为：极度的

感觉过敏，对侮辱和伤害耿耿于怀；思想行为固执死板，敏感多疑、心胸狭隘；爱嫉妒，对别人获得成就或荣誉感到紧张不安、妒火中烧，不是寻衅争吵，就是在背后说风凉话，或公开抱怨和指责别人，自以为是，自命不凡，对自己能力估计过高，惯于把失败和责任归咎于他人，在工作和学习上往往言过其实；同时又很自卑，总是过多过高地要求别人，但从来不信任别人的动机和愿望，认为别人存心不良；不能正确、客观地分析形势，有问题易从个人感情出发，主观片面性大；如果建立家庭，常怀疑自己的配偶不忠等等。这种人格类型的人在家不能和睦，在外不能与同事、朋友相处融洽，别人只好对他敬而远之，他则会更加确信别人对他不怀好意。

《心理障碍的诊断与统计手册》中将偏执型人格特征描述为：

1．过分敏感。在没有充分依据时，便预期自己会遭人伤害和摧残。

2．未经证实便怀疑朋友或同事的忠诚与诚实。

3．从温和的评论中和普通的事件中就看出羞辱与威胁的意向。

4．对嘲笑与羞辱决不宽恕。

5．不愿信任别人。无端害怕别人会利用他的信任来反击他。

6．无端自卑。很容易感到自己受轻视，并且立即报以恶眼与反击。

7．未经证实，便怀疑配偶和性对象的不忠。

以上七点，只要符合其中四点就可视为偏执型人格。

偏执型人格的人很少有自知之明，对自己的偏执行为持否认态度，多发生在青少年身上，且以男性较多见。

对于偏执的克服可以采取以下几种方法：

1. 认知提高法。

当你发现自己出现和王某相似的行为，有上述几个特征的时候，就要勇于承认自己具有偏执的不良个性，这时就需要在亲友、朋友和老师的帮助下，对自己公正、客观地进行评价，并对这种个性有强烈改变的愿望。

2. 交友训练法。

积极主动地进行交友活动，在交友中学会信任别人，消除不安感。交友训练的原则和要领是：

（1）真诚相见，以诚交友。本人必须采取诚心诚意、肝胆相照的态度积极地交友。可能一开始你仍会怀疑对方对你有不良企图，那么不妨就把你的想法告诉他，请他谅解。要相信大多数人是友好的和比较好的，是可以信赖的。必须明确交友的目的在于克服偏执心理，寻求友谊和帮助，交流思想感情，消除心理障碍。最好也将此目的告诉你所交的朋友，他会理解你并容忍你一时改不好的心理和行为。

（2）交往中尽量主动给予朋友各种帮助。这有助于以心换心，取得对方的信任和巩固友谊。尤其当别人有困难时，更应鼎力相助，患难中见真情，更能增进友谊。

（3）注意交友的"心理相容"原理。对于偏执型人格的人来讲，心理相容的侧重点在于兴趣、爱好、职业、家庭背景、社会地位、文化修养的相似上，而不要交性格、脾气和本人相似的人，这样容易和另一个偏执型人格者发生冲突，不利于克服偏执，反而会加重。

3. 消除不良认知法。

偏执的人喜欢走极端，这与其头脑中的非理性观念相关联，例如：

我不能容忍别人一丝一毫的不忠；

世上没有好人，我只相信自己；

对别人的进攻，我必须立即予以强烈的反击，要让对方知道我比他更强；

我不能表现出忍让，这会给人一种懦弱的感觉。

要消除偏执首先就要消除这些非理性观念，应将其改为：

我不是说一不二的君王，别人偶尔的不忠应该原谅；

世上好人、坏人都有，我应相信那些好人；

对别人的进攻马上反击未必是上策，而且我必须首先辨清是否真的受到了攻击；

忍让是一种美德，这会给人一种大度的感觉，我愿意做宽宏大量的人。

每当故态复萌时，就应该把改造过的合理化观念默念一遍，以此来阻止自己的偏激行为。有时自己不知不觉表现出了偏激行为，事后应重新分析当时的想法，找出当时的非理性观念，加以改造，将这些改造后的观念记下来。

4. 敌意纠正训练法。

偏执的人易对他人和周围环境充满不信任感和敌意，可采取以下方法克服：

经常提醒自己不要敌视、怀疑别人，为人处世时应注意纠正，这样会明显减轻敌意行为和强烈的情绪反应，易获得他人好感，对你也热情友善，这可以强化"大多数人是好的，我不应该敌对正确的"这一观点。

要先尊重别人，别人才能也尊重你。要学会对那些帮助过你的人说感谢的话，而不要漠然受之。

要学会向你认识的所有人微笑。可能开始你很不习惯，做得不自然，但必须这样做，而且努力去做好，易获得他人的友谊。

要在生活中学会忍让和有耐心。生活中，冲突纠纷和摩擦是难免的，有时必须忍让和克制。事过之后，你会发现原来自己很成熟。

敞开胸怀，消除猜疑

　　某女大学生一次不满地瞪了同寝一位同学一眼，原因是那位同学收拾书本时，将蒙上灰尘的一摞书都堆放在她的床上。那位同学并没看到，其他同学都各干各的事，也没注意，但她瞪完之后，立刻后悔，怕其他同学看见，赶紧环顾一下，正好有一位女生抬头看她，她不好意思地笑笑。之后非常担心，怕同学说她小心眼。她们一定知道我的不满，就这么点小事儿，我干吗这样对她呢？她们一定会怪我的，以后对我也不会那么好了。一整天她都注意其他人的反应，也不出去学习，恰好看她一眼的那位同学又问她："你今天下午怎么不出去学习呢？"她认为这是让她走，好说她刚才瞪眼的事儿。晚上吃饭大家一起去，她回来晚了点儿，其他人正说笑着，也就没在意她，她认为别人真的不理她了，她们一定彼此说好了。果然，放书的同学晚上又早早地睡了："这一定是生我气了。"第二天到教室，她又发觉别人用异样的眼光看她："坏了，她们一定对全班同学说了，这下全班同学都知道我小心眼了。"以后到教室的时候，听到同学们在笑，她就认为是在笑她；坐在教室的前面她又担心别人在背后说她的坏话；坐在教室的后面她又认为前面的人回头就是看她，然后再讲她的笑话，弄得自己整天坐立不安，觉也睡不踏实，怕睡觉后别人讲她的坏话。不久患了失眠性神经衰弱，成绩也下降了，至此她还想别人要笑我成绩下降了。

训 练 指 导

这位女大学生毫无根据地怀疑别人说她坏话，不理她了，这都是由于不良的个性——猜疑所引起的。从心理学的角度来看，猜疑是一种不符合事实的主观想象，是一种消极的自我暗示心理。有猜疑心的人，往往先在主观上假定某一看法，然后把许多毫无联系的现象都通过所谓的"合理想象"拉扯在一起，来证明自己看法的正确性。为了能达到这一目的，他们甚至能无中生有地制造出一些现象。真是猜猜疑疑，疑疑猜猜，越猜越疑，越疑越猜。

多疑的产生与一定的情景条件和社会、个人的因素有关。

1. 多疑的内容是我们十分在乎的，如人、事、名誉等。因为关注自己的名誉，在意他人对自己的看法，因而对别人的一言一行、别人对自己的态度，便显得特别在意，并认真地去研究，自然往坏处想得多一点。

2. 因为确实存在或想象出来的某种不足，会使我们失去所心爱的东西。如："我这个人无能，这帮人一定会看不起我的。""我小心眼，他们会不理我的。"

3．家庭环境。父母任何一方具有多疑的特点，这一特点使他们的子女模仿其行为，或由于父母对子女猜疑的态度，都可导致子女具有猜疑的性格。一个人从小处于打骂或严格管教的环境里，由于做事不完美总要受到惩罚，于是终日处于神经质状态，尽可能将事情做好，但又害怕做不好以后会受到惩罚，提心吊胆地生活，为猜疑创造了可能的条件，这种人成年以后仍然会带着幼儿的思维。一个人在幼年的经历中，任何原因的失去或缺少父爱或母爱，会因缺乏关心与照顾和心理支持，而产生不安全感，并发展成为神经质性格，也会出现猜疑。另外，家长经常欺骗孩子，使他们对周围的人产生不信任感，也是猜疑产生的一方面原因。还有自己过去的经历中曾经受过挫折；把自己曾经做过的幼稚的事情告诉了他人，产生了不安全感；以及由于虚荣、虚伪、说谎等，都易使人慢慢形成猜疑性格。

如果你能将以上的内容，尤其是猜疑产生的情景条件和诸多原因，反复阅读几遍，找找自己是属于哪方面的问题，那么你的猜疑就消除了。如果仍然不能自己消除猜疑，那么你可以这样做：

1．向朋友求助。

找自己的好朋友说说你的猜疑，让他们帮助你。如果他们的启发、开导不管事，还可以继续做以下的方法。

2．保持头脑冷静。

现实生活中，许多猜疑戳穿了是很可笑的。但是戳穿之前，由于猜疑者消极的自我暗示心理作祟，却会觉得事情顺理成章。例如"疑人偷斧"中的那个"亡斧者"便是一例。所以，保持冷静客观的态度观察、分析和思考问题，是消除猜疑的途径之一。要做到这一点，除了要注意在观察时放弃原先的假定，以防止这一先人为主的假定产生心理定势外，还要牢记"当局者迷，旁观者清"的古训，请一些自己信得过的人帮助分析，以消除一些荒唐可笑的先入之见。

3．注意调查研究

有了猜疑心后，要注意加强调查研究。调查要本着实事求是的原则。俗话说"耳听为虚，眼见为实"，不能听风就是雨，要以眼见的事实为据。况且，有时眼见也未必是实，这就得花费一定时间和功夫，找出实质性的东西。

4．及时开诚布公。

猜疑往往是彼此缺乏交流，人为设置心理屏障的结果，也可能是由于误会或别人搬弄口舌的结果。明白此理，我们就应当通过适当的方式，同被疑者进行开诚布公、推心置腹的交谈。在这个问题上，死要面子是毫无意义的。相反，如果你能诚恳相告，对方未必认为这是你对他的不信任，他甚至能从你的一片诚意中，进一步看出你对他的信赖，从而冰释前嫌，越发敬重你。而如果你把疑心紧锁胸中，则只会加深矛盾，恶化相互间的感情。

5．坚持待人以宽。

猜疑心重的人，大多对自己要求不高，对别人倒多少有些苛求。比如，你看到别人背着你讲话就有点儿不高兴。换言之，别人的交往方式必须符合你的心情才行，这就苛求于人了。因而许多猜疑正是来自对别人的过高要求所致。正因为如此，坚持待人以宽，也是克服猜疑心的一条途径。

修身养性，消除急躁心理

她十分苦恼，因为总是得罪人，于是来咨询，问怎么可以不得罪人，搞好人际关系。她得罪人的原因是她没耐性，稍微有些不合她意就急躁起来，弄得她现在独来独往，很不是滋味。咨询中了解到，小时候，她就很耐不住性子。她要的东西，必须马上得到否则就哭闹。上小学时，父母早晨都很忙，没有时间给她梳头，只好自己梳，行动匆忙，有时落下一绺头发没梳上去，她就着急地一把拽下来。她成绩挺好，有时给同学讲题，一两遍还不明白，她就烦了："怎么还不明白呢？不就是这样，这样吗？"结果惹得同学很不高兴，再也不问她题了，她也很后悔，不该这样，但一着急就控制不住了。如果别人要她重复一下刚才讲过的一句话，她也不耐烦："我都说过了，谁叫你没听？"做事也如此，急急忙忙，不是把同学的杯子打碎了，就是把别人的东西弄丢了；

骑车子有时急匆匆的，下车后就走，忘了锁，丢了两辆车。一次她妈妈让她去商店，她就出去了，一会儿又回来，忘了问她妈妈去商店干什么，问过之后又出去了，到商店说："我要买味素。"结果发现忘了带钱，只好又一次回家取钱，再返回。跟同学争论问题出不了结果，又发怒了："算了，我不跟你吵，急死人了。"跟朋友一起走，假设朋友有点事儿，她就不耐烦等："快点儿，这么磨蹭，麻烦死了。"就这样，朋友们一个个都离她而去，尽管她很热心，但谁也不愿请她帮忙。

训练指导

她的主要原因倒不是得罪人，从根本上来说则是性格问题。从她的叙述中就可以了解到她个性急躁，是人们常说的"急性子"。有此种性格的人，对某件事情，一阵兴头上来，马上动手去干，既无认真准备，又无周密计划。有时某项工作才开了个头，就急于见成效，特别是当工作遇到困难时，更是急得如热锅上的蚂蚁，恨不得来个"快刀斩乱麻"，一下子把问题解决。急躁性格的弊端是显而易见的：它会使人心神不宁，经常在惴惴不安中生活；它会打乱人生活、学习、工作的正常秩序，并常常会造成"忙中出错，殃及他人"、"虎头蛇尾，不了了之"和"欲速则不达"等不良结果。急躁的人容易发怒，因而既影响了人际关系，又影响了自己的身心健康。据研究，急躁性格易导致冠心病、高血压等症。

急躁的产生与个人的气质类型有关，胆汁质的人易急躁；还与个人后天的生活环境有关，即是受社会生活条件影响而造成的。如在家排行老大的人易急躁，因父母总对他们的要求过于严格，什么事都要快、要好，给弟妹做出榜样，久之就形成了急躁的个性。急躁关键在于个人的心理认识，急躁者充满着成功的理想和进取心，试图超越所有自己认识的人，因而努力克服困难，工作勤奋，自觉性强，总是觉得时间非常紧迫，所以惜时守时，表现出急躁。这类人往往智力较高，能力较强，成绩较好。有时候，急躁与人们对生活、学习或工作的日程安排有关。一般来说，有些做事缺乏计划性和计划性过强的人容易产生急躁。做事缺乏计划性的人，东一榔头，西一棒槌，什么都没少干，什么都没干好，势必导致手忙脚乱，着急上火；计划性过强的人，做起事来显得十分机械，总有一种过分的紧迫感，一旦前一个计划没有及时完成，马上就会焦急起来，这样势必影响下一个计划的执行，导致匆匆忙忙，焦躁不安。

克服焦躁的性格有多种方法，如：

1. 学会遇事冷静。

急躁与冷静是相对立的，冷静则不会急躁。在采取行动之前要耐心地做好事前准备，心情平静地进入活动之中。为了能做到这一点，在行动之前，可自我提出一些问题。如："对这项工作，我已经有把握了吗？""准备工作周密了吗？""这项工作将会遇到哪些困难，我已经有了恰当的对策了吗？"这样多提出几个问题，多泼几瓢冷水，有助于使自己因急躁而发热的头脑冷静下来。

2. 模糊计划法。

即做事一方面要有计划，另一方面，计划又不可过于完备，这样使自己的行动既有计划性，又有自由度，克服了无计划的手忙脚乱和计划性过强而缺乏灵活性的弱点。作计划时力求从总体上来把握，不拘泥于一些细节，在执行计划时，可根据具体情况增加或减少一些内容，这样就能使生活、学习和工作显得有条不紊。

3. 讲究具体方法修身养性。

即通过修身养性来调节情绪，增强自身忍耐性和涵养的一种方法。时间证明，此法是改善和缓解急躁个性的有效方法。具体方法有很多，如可以通过临摹画、练习书法、解乱绳结、下棋、旋转魔方等，修养耐心和韧劲；加强自身思想修养，提高文化层次，以一颗爱心去对待别人，增加自己的相容性；强迫自己去学钓鱼，在静静等待中消磨自己的急性子；练气功，使思想入静，来摆脱急躁心理。

4. 静默法。

坐在一个安静、隔音房间的舒适椅子上，集中注意一个单调的声音。如钟的滴答声，或注意一个意念、做一些简单刻板的动作，比如用大拇指与其他手指重复接触等，从而达到入静，精神松弛，随意控制自己的心理活动的境界。

事事无绝对

他带着满脸的沮丧、满心的烦恼找到心理咨询老师。他说从小到现在他从未顺心过。在他的心中，是非必须分明，黑白绝不能混淆。在学习和生活中，他形成了做事必求完美的特性，只要有一点没做好，他就十分内疚、自卑，觉得自己完了，"我真没用"，常常自责自贱。不大的一件事，他也要费尽心机地做好周密安排，希望事情按计划发展，可结果总是事与愿违，为此，他伤透了脑筋。他在别人对自己的评价上更加注意，总希望别人都说他好，总希望在一切方面都给别人留下一个十全十美的印象。如果有哪一个人说他某一方面不好，他马上觉得自己一切都完了，没救了，认为自己对不起别人，心理压力很大，整天忧忧郁郁，痛苦不堪。在与人交往中，他觉得某人好，就看不到也不承认他会有一点缺点；他觉得某人差劲，就甭想轻易让他对这人有好感。

为此，他的交往也一度出现危机。

训练指导

走极端是不少人性格上的一个误区。具有这种性格特点的人，在自我要求方面，常常把理想、目标定得过高，不切实际，对任何小的失误或不完善，都会产生彻底失败的感觉，进而怀疑自己的能力，认为自己一切都不行了，产生极度的自卑心理。

在待人接物上，走极端的人惯于追求十全十美，对人对事要求苛刻，爱钻牛角尖。在他们眼里，一切事情不是好的就是坏的，不是黑的就是白的，不是善的就是恶的，绝对没有中间过渡的形式。因此，他们在跟人交往时，常常是忽冷忽热，忽好忽坏。要么完全信任别人，把整个心都掏给别人，丝毫不保留隐私，好得像一个人似的；要么一点都不信任别人，认为世间没有好人，人与人之间都是互相利用，绝无真诚可言。无论是思维方式还是行为方式有了走极端的特点都会误入歧途的。一叶障目，以偏概全也说的是这个道理。

为什么会走极端呢？

1. 矛盾的家庭教育。家教过分严厉或家庭期望目标过高，都是造成走极端的常见原因。因此这样家庭的孩子易形成做事必求完美的性格特征。

2. 学校教育的片面性也是一个重要原因。在我国现有的教育制度下，千军万马争过独木桥，升学率第一。生活在这样的环境中，青少年儿童潜移默化中便形成了这样的思想观念：胜者为王败者为寇。

3. 青少年正处于抽象思维趋于完善，辩证逻辑思维形而未成

的转折时期，这一心理特点决定了他们在许多问题上存在着以偏概全、非此即彼的思维方式和生活方式。

4. 我国传统文化中的中庸之道，待人接物提倡不偏不倚、调和适中的态度，这都是可以借鉴的，可是有时却被当成"滑头""无原则性"被全盘否定了，在这种否定的彻底作用下，人们做事力求完美，稍有差错，就颓丧殆尽。

5. 虚荣心强的人也惯于走极端。其实，这是一种不成熟的标志：这种人的价值观总依赖他人，别人说他好，他就觉得自己一好百好；别人不说他好，他就觉得自己一差再差，完全没有自己独立的东西。

走极端者会经不起挫折，这是需要改变的性格特点。当你为走极端所困扰时，下列方法可以为你提供帮助：

1. 如果你相信世间有绝对的东西存在，那么，希望你能列出一张表，详细分析一下日常生活中，究竟哪些东西能截然分出绝对的好与坏、绝对的美与丑、绝对的善与恶、绝对的高尚与卑贱、绝对的有用和没用、绝对的成功与失败。相信你会一无所获，因为世间根本不存在绝对化的东西，任何事物都是相比较而存在的。这样，通过列表，你会发现以前的想法很幼稚，你也就能改变自己错误的信念。

2. 如果你想事事超过别人，希望人人都说你好，就试试归谬法。比如："果真达到这种程度，你还是人吗？岂不成了神仙啦?!"俗话说得好："金无足赤、人无完人。"只要能尽到自己最大努力，回首往事时能问心无愧，那就很不容易了。"岂能尽如人意，但求无愧我心。"

3. 如果你为不能完成计划和实现目标而烦躁不安，你就应看看是否自寻烦恼，是否你的理想、目标定得太高。人都有一个自我理想，它是我们前进的目标，也是激发我们奋进的动力，但有一点必须明确，理想必须建立在现实的基础上，脱离现实基础的理想，那只能是空想，只有让理想既有上进性又有可行性，那才是我们每个人的最佳选择。

不要霸道地指挥和控制他人

听过这样一个故事吗？小凯是个不受欢迎的孩子，他也不知道是怎么回事，他真的好苦恼。他想吃苹果，跑去跟妈妈说："妈妈，拿一个苹果给我。"妈妈却不理他。他诚心诚意地想和邻居小哥哥玩，可他一敲门："开门！我要和你玩！"小哥哥就很厌烦地说他今天头疼。他兴冲冲地去商店买东西："你把那本书卖给我。"商店的阿姨居然没听见似的，不卖他。姐姐在画画，色彩斑斓好漂亮，他也想借姐姐的水彩自己画画试试："姐，我要画画。你必须把你的水彩马上借我用用。"姐姐根本不理睬他，就是不借给他。"这么小气！"小凯灰心丧气地独自来到小河边，一个白胡子老头出现了，他来帮助小凯了。他悄悄告诉小凯，以后说话多加一个字，一切都会好起来的。小凯半信半疑地一试，嘿，真灵！妈妈高兴地给了他苹果，小哥哥也欢迎他来玩，商店的阿姨和颜悦色地卖给他东西，姐姐则很乐意地借他水彩用。什么字这么神奇？——"请"字。

没有人喜欢听别人指手画脚，请求比发号施令婉转而更易让人接受。故事里的小凯先前事事那么霸道，难怪和别人处不到一起。

训 练 指 导

霸道是一种不良个性，这类人不知管束自己，不考虑别人的感受，只一味喋喋不休地指挥别人，想要控制别人或让别人按自己的意图去做，结果却往往无法控制别人，甚至常常会失去朋友。他们常会有一种焦灼感和不安感，事情一旦违背他们的意愿进行，他们就会大怒或产生其他巨大的情感、行为的反应，给人以蛮横或没礼貌的感觉。

霸道的形成是有很复杂的原因的：

1. 家庭因素。

自幼或长时间生活在以他为中心的环境中，家里一切由他说了算，这很易培养出霸道的习惯，从来不会主动去考虑别人的感受。另外，家长有霸道的作风家庭，孩子也会受到影响。因为家长是孩子最早接触到的榜样或权威，其影响是很大的。一旦孩子心中留下此类作风的烙印，一有机会他就会颐指气使了。

2. 特殊经历。

这是指有一段必须发号施令的经历。比如做了班长或是一项工作的总负责人，你必须是说了算的角色。有这样经历的人其实很普遍，可有些人把"特殊"泛化，觉得"发号施令感觉很良好"，就到处、时时指挥别人，仿佛所有人、所有事都得听他的。

3. 气质、性格的影响。

胆汁质的人易冲动，情绪不稳，易形成霸道的脾气。自负、自私的人也易被人评价为霸道的人。

综合以上原因，霸道是后天决定的。因此改变它是可能的。如果你想纠正这一不良个性，可以试试以下几种途径：

1. 尊重他人的意愿。

每个人都是一个独立体，有权按自己的意愿生活，也有自尊和脸面，你很威风地横加干涉，对别人就是不懂尊重的粗暴行为。树立平等意识，即使你真的高人一等（在某一方面），也不要以凌驾他人之上的态度和口气与人说话，切忌把自己的意愿一厢情愿地强加于他人身上。下一次发号施令之前，如果不是公干，就不妨先想想，如果我是他（她），会不会愿意？试着不去控制他，就会相处融洽。

2. 加强修养。

通常霸道的人都没有什么内涵，看似威严地喝五吆六，其实毫无权威可言。变得有内涵就应多看书，多培养兴趣陶冶心性，多参加聚会，在学习和实践中加强自己的修养；即使你有高明之处，也要谦虚平和，委婉而让人接受。一句"我认为黑衣服挺漂亮，可今天穿不合适"，要比一句硬邦邦的"你不要穿那件黑衣服"要好听得多、有涵养得多。

3. 请求比命令更有效。

如果你确实需要发号施令，也可以加上语气词和礼貌用语，这样把命令变为请求，可以使人听从你的话但不感到受你摆布而自尊心受伤。

功利主义会使你远离成功

他是一个有远大抱负的人，自小他就觉得自己不是一个平凡的人，更不会平庸。他从小学起就琢磨怎么赚钱，就研究《红与黑》中的于连，他做梦都想着怎样功成名就、名利双收。他认为那种一门心思埋头苦干大半辈子才成功的人是笨人，真正成功的人应是靠六分聪明才智、二分机遇、一分苦干一举成名的人。平时他也用功学习，但只是为了得一个好成绩；他也帮助他人，但只是为了有一个好人缘或图别人的回报；他也参加活动，但必须是有名或有利的；他也尊敬老师，但必须是有"利用价值"的师长。总之，他所有的活动只有一个目的：对日后早日成功有所帮助。现在18岁的他经济上已完全独立，也取得了一些小成就，荣誉证书一摞，可是他却一点苦心钻营后的喜悦或满足也没有，只是更加辛苦地谋划更大的功利。同时，和他交往稍密的同学老师因看出他透露出的急切的功利欲而疏远他、厌恶他，他也因不付出真情而得不到真情。

追求成功、实现自我价值是无可厚非的，人一点功利心没有也是不现实的。但功利主义是一种投机取巧的竞争意识和行为，是想避免扎实的工作和劳动就轻易获得功名的态度。

功利主义很强的人的典型表现和突出特征就是急功近利，他们有强烈的表现欲，自负而嫉妒心重，好大喜功，事业上尤其缺乏踏实的作风，人际交往中爱耍小伎俩，缺乏真心诚意，最终会被识破而导致失败，生活中总是虚伪不露真情，一心只为获名得利。功利主义的产生有哪几个原因呢？

1. 父母的影响。

望子成龙、望女成凤的家长们一心希望自己的孩子有所成就，在教育孩子有理想、有抱负，将来有出息的同时没有灌输有关的品德教育，致使孩子认为追求成功可以不择手段，认为人生唯一和最重要的内容就是功成名就，除了个人的成功别的都无需关心。

2. 学校教育机制的影响。

目前的教育仍处在应试教育阶段，成绩优秀、升学成功是大家公认的成功者。这种价值取向导致孩子心中的价值天平严重倾向功利，其他的思想教育、情感教育、美育健康教育等等只是一手硬一手软中的后一手。

3. 交往对象的潜移默化作用。

如果你的交往对象、周围环境全是一群势利的人、一群急功近利的人，那么近墨者黑是很难避免的了。

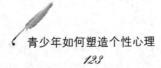

4. 个人素质也是一个重要影响因素。

一个心里浮躁的人，一个自负或自卑的人，一个贪图享受的人。一个抱着侥幸心理要出人头地的人，都容易成为功利主义者。

几乎所有的文学作品中，功利主义者都没有好下场，要不身败名裂、功利皆无，要不成功了也没有幸福快乐可谈，郁郁寡欢。为什么是这样的结局？欲速则不达，急功近利很难如愿；名利是达到人生目的手段而并非目的本身，目的不清自然会失落。

1. 树立正确的成就观。

即对荣誉、地位、金钱、利益得失持有一种正确的认识和态度。人生在世要有一定的名利，这是心理的和生理的需要，但这种追求要通过实干实现，真正的成功是自己的行为创造出了价值，对他人有帮助或对社会有益，这才是为人敬佩和渴慕的功成名就。通过耍心眼等华而不实的取巧来求取功名，是毫无成就感的无用行为，不可取。

2. 学习良好的社会榜样。

从名人传记、名人名言中，从现实生活中，寻觅那些脚踏实地、不图虚名、努力进取的人物为榜样，激励自己淡泊以明志，宁静以致远，做一个踏踏实实、勤勤恳恳的实干家。

3. 进行感情投资。

不要让追名逐利成为你生活的全部，拿出时间和精力来进行感情投资。真挚的感情才会使人精神上有幸福感。主动地去帮助别人，不求回报，主动地增进联络，不考虑"有没有用"，主动地交几个单纯的志趣相投的朋友，不怕浪费时间，主动地去关心亲朋好友，不怕麻烦和繁琐。生活中比名利更重要的是人。

4. 对不良的急功近利行为进行自我心理纠偏。如果个人已出

现自我表现式的自夸，为夺名利的说谎、嫉妒等不良行为时，可以采用心理训练的方法进行自我纠偏，即当不良行为出现时或即将出现时，个体给自己施以一定的惩罚，如用套在手腕上的皮筋条反弹自己，以求警示和干预作用。坚持一意识到就进行自我惩罚，久而久之，功利性不良行为就会逐步消退。但这种方法需要本人有较强的毅力和坚定的信念才会奏效，因为追求功利已成为比较顽固的习惯。

告别迷信

　　以前似乎只是老头老太太或是没受过什么教育的人才会被斥为"迷信"，可现在不同了，从中学到大学，迷信的学生其行为令人诧异。丽华是一名学生，她自小学五年级开始就愿意胡思乱想：我今天为什么会摔一跤？他昨天还挺好的，今天怎么就会病成这样，一定是做坏事遭报应了。她从小就爱听神鬼和奇异的故事，到了爱思考的年龄就受到故事的影响。说她胡思乱想，就因为她总能找到荒谬可笑的答案，毫无科学根据。到了中学之后她更养成了迷信的思考习惯。一次她得出结论：穿那双黄皮鞋就会考好。结果有一天她穿着布鞋上学却不料有场考试，她无论如何要坚持趁课间十分钟骑车回去换鞋，不想因为过于匆忙出了车祸，躺在医院里她就得出结论：那双布鞋是晦气鞋，坚决扔掉！

迷信，在心理学上是指人们内心中认为对生命个体（或生命群体）有支配力量的神灵或某物的畏惧和遵循状态，是人们在社会生活中遇到不可知事物而无所适从，或遇到难以克服的障碍时所表现出来的对鬼神天命等等的认同，祈求以改善自己命运的一种信仰和行为。

迷信是一种观念也是一种行为，丽华的例子还只是相信非科学、非物质的力量的存在，有些同学干脆就去算命、烧香了。这种观念和行为可以促使形成观念上的宿命论，及在行为上对迷信约定俗成的规范的遵循。迷信通过暗示、感染、模仿等形式，在社会上逐渐传播开来。迷信有个特点：每一种迷信都伴以假想威慑力的存在。以丽华为例，她出车祸就因为她认为如果她不穿黄皮鞋她就不会考试顺利。曾一度流行的"连环锁"骗局也是利用了迷信心理的这一特点，郑重其事地宣布"如果你不按要求寄钱，你就会一出门就撞死、一吃饭就中毒"等等，并试图举实例让你相信。这种假想的威慑力对人们的思想和行为产生十分强大的暗示、制约力量，它不让人们去进行理性的思考，只要求人们无条件地承认、服从。

迷信有很大的人为操纵性，但究竟如何产生还有很复杂的原因。

客观因素上，首先诸多疑难问题和神秘现象还没有得到圆满的令人信服的解释。这给迷信思想的乘虚而入提供了机会。没有正确的知识又想知道为什么，只好代以错误的、虚幻的认识了。其次，社会转型时期社会管理不力也是一个不可忽视的原因。随着市场经济的深入，人们的商品意识逐渐增强，使一部分人一切都向钱看。有人以迷信活动作为谋生手段，有人甚至以出售迷信用品、迷信读物来致富，有些地方甚至以鬼神活动作为吸引游客的手段。社会上迷信一"流行"，就很快渗透进校园。最后，当代迷信融入了现代科学技术，让人难辨真伪。催眠术、物理化学术、电脑术、娱乐术等等，迷惑性大，易使人上当受骗。

主观因素上，一是人的素质。迷信只能是愚昧无知的产物，有理性的人遇到疑惑、遇到挫折也会坚持科学。二是人的需求。人的需求总难以满足，感到希望渺茫、信心萎靡时，就会"病急乱投医"，宁愿信一些不着边际的"神话"和"瞎说"。三是人的错误归因。归因就是人们对事情因果关系推理的思维活动。迷信的人常常违背客观规律凭着自己的主观意识去找原因，将必然看成偶然，将偶然巧合看成某力量的安排。比如丽华把考试顺利归因为"穿了黄鞋子"，把人摔跤看成受天惩罚。

迷信心理有很多危害，上当受骗不说，还因为信任了一些子虚乌有的东西，而否定导致成功的真正因素。纠正迷信心理主要是进行主观调适。

1. 广泛学习科学文化知识，不断提高自身文化素质。科学是战胜迷信的武器，知识能帮人克服无知。如果能知道雷易劈哪些人，你就会正确分析为什么XXX会被劈死而偏偏不是别人。随着知识的积累，你就会自觉地去驳斥迷信的观点与行为了。

2. 树立唯物论的坚定信念，做一个意志坚强的人。有知识的人迷信，更多的不是知识不够，而是没有确立坚定的唯物史观，意志薄弱，看不到事物的发展规律。一看周围的人都信了，就动摇自己的信念，一受人煽动，就立场全无了。所以我们要树立唯物主义世界观，磨炼意志，不做随大流的人。

3．训练正确的归因。心理学的理论和实验都证明了人正确而积极归因是把原因归到稳定的、可控制的、内部的原因，即人的能力上。而把偶然的事情归为运气，但不要当成必然的联系。你可以找师长或朋友来评价你归因的正误，学会理性推理。

4．培养自身健康向上的业余爱好。如书法、跳舞、下棋、体育锻炼等等，业余爱好多，既陶冶性情，充实人性，又能学到一技之长，增强自信，还能抵御迷信活动的侵蚀，可谓一举三得，何乐而不为？

消除暴躁易怒的不良个性

　　王某，某大学中文系三年级学生，男，23岁。较正直，爱打抱不平，平时同学有困难他都能竭力帮忙，成绩也不错，在同学中有较高威信。但是，却由于脾气暴躁两次打架差点儿毁了前程。大二下学期的某一天，该校英语专业陈某酗酒闹事，因以前与王某所在寝室的一位同学有点儿过结，所以就要进王某的寝室，找这位同学算账。王某出于好心，不想让事态闹大，就阻止陈进去，劝其离开。陈某非但不离开，反而动手打了王某一拳，王某顿时火冒三丈，顺手拿起寝室内的铁锹向陈某的头部砸去，致使陈某右耳垂和右上眼线破裂，到医院缝合数针。王某被给予警告处分。到此王某本该认识到暴躁的危害，应加以控制、克服，但他却疏忽了，不以为然，反倒认为我是在挨打的情况下正当防卫，我打他应该，因而他并不认为自己性格暴躁。8个月后的一天中午，他

到食堂买饭，看到两名学生因排队买饭打了起来。他出于好奇心过去制止，想将他俩拉开，可是不但没有拉开，他本人还挨了一巴掌。这一巴掌把他激怒了，暴躁的性格又暴露出来，忘记了上次打架的处分，顺手操起一个啤酒瓶子，跟着打架的人群追出了食堂。当发现打他的体育系学生李某后，就将啤酒瓶子朝李某抛去，这瓶子不偏不歪正打在李某的后脑部，李某当场倒下。经医院鉴定为脑震荡。王某又被给予了留校察看一年的处分。

训练指导

作为一种不良的个性，暴躁的主要表现是易激怒，听到一句不顺耳的话就火冒三丈，甚至唇枪舌剑，拳脚相加；受到一点儿不公正的待遇或见他人受欺负，有时也会上前，采用极端的武力办法来解决。因而危害极大，许多过失犯罪、防卫过当都是由于暴躁所引起的。个性暴躁在青少年当中表现最为突出，我们常说"少年气盛"指的就是青少年易暴躁。

暴躁个性的形成有遗传因素，也有自身素质和外界环境等因素。

1. 遗传因素。

美国科学家近年来通过大量研究发现，人体内去甲肾上腺素含量较高的人，往往比较暴躁。但也有研究证明，暴躁行为过后，人体内去甲肾上腺素含量偏高，这说明暴躁可以促进去甲肾上腺素的分泌，去甲肾上腺素反过来又易使人暴躁。

2. 不当的家庭教育方式。

父母用打骂来管教孩子，认为"棍棒出孝子"、"不打不成器"，孩子长大后，必然也会模仿父母的处事方式，崇尚武力，稍不如意就拳脚相加。

3．认识偏差。

陷入心理误区，不客观地分析寻求解决问题的途径，反倒认为打架有理。比如"某某打我，为了正当防卫，我也应该打他，否则太没面子"；"某某不讲道理，还骂人，该打"；"某某一贯品质差劲，手脚不老实，不教训他一顿不行"。如王某，他不能客观分析和正确地解决与他人之间的矛盾，认为只有通过打架这一过激行为才能解决问题，并且还认为打架有理。青少年一旦陷入这一心理误区，不但不能解决矛盾，反而会使矛盾进一步激化，危害他人健康，给自己造成不良影响。

4．文化修养不够，缺乏自制力。

这种修养包括：文化素质修养，道德修养，思想、情感、情趣的境界，能以更高更远的角度看问题等。由于缺少修养，竟将"能打人、敢打人、发脾气、比划一下刀子"误认为是男子汉、大丈夫的气概，是勇敢的象征，是有力量的标志。因而倾向于以武力威吓别人，但当威胁不住时，又无力克制自己不去实行真正的暴力。

改变暴躁的个性有很多办法，你可以采用以下几种办法：

1．认清危害。

人与人之间是平等的，要互相尊重，区区小事就大发雷霆，这是侮辱他人人格的行为。一个不尊重别人的人，必然也得不到他人的尊重，相反还会遭到众人的轻视。而且，暴躁发脾气不仅不能解决问题，多半还会导致相反的结果，即引起别人也发脾气，结果往往闹得不可收拾。明白这一道理后，当你要发脾气动武时，不妨多想想别人，想想以往发脾气的后果，多想想自己，三思之后，你就可能找到更恰当的处理方法了。

2．学会容人。做人应当有一点"雅量"，即容人之量。"宰相肚里能撑船。"要宽以待人，严于律己。一般来说，发脾气往往都是认为别人不对，而看不到自己的错误。对此，你应认识到：人非圣贤，孰能无过？况且，过错的原因未必就是动机不端正，它常和水平高低、能力强弱、方法是否得当等有关。再说你认为别人错了，未必就是别人错了，也许是你自己的认识有偏差，即使当别人犯了非原则性错误，动用武力发脾气也绝非上策，而心平气和地开导和豁达大度地宽容，往往却能使人自责反省并改正错误，这也是生活中常见的事实。

3．提高修养，培养耐力。

文化程度高者、思想情趣多者很少是一个暴躁者。因而个性暴躁的青少年应有意识地培养自己的各方面兴趣，特别是有助于提高自己耐力的，如可以练练书法、绘画。书法、绘画可以让你平心静气，并且时间要长，经常坚持，你的内心就会处于平静状态。还可以打打球，使全身处于松弛状态，发起脾气就会慢多了，有时间思考该不该这样做。

4．纠正不良认知。

打人动武并不是英雄行为和勇敢的象征，反倒会被人认为是粗俗、无修养的表现。

5．学会自我克制。

暴躁个性的矫治，需要有坚强的自制力。自制的方法很多，如当自己感到要发脾气时，可反复默念"不要发火"；还可以像屠格涅夫说的那样做："在发言之前，必须把舌尖在嘴里转它十圈。"杰弗逊说："生气的时候，开口前先数到十；如果非常愤怒，先数到一百。"又如当感到自己要发脾气时，可迅速离开现场，去干别的事情，或干脆去找别的人谈谈你刚才的心情，消气之后，再回头去找你刚才生气的人，和他谈谈当时各自都是怎么想的，有助于在以后类似的情境中学会体谅。

抱怨有弊无利

　　宇实总喜欢责怪别人，埋怨外物。"谁把教室搞得这么糟？""怎么搞的，我们怎么会走错方向迷了路？"诸如此类的话就是他面对问题时的第一反应。在家里，东西找不到了怪妈妈曾收拾桌子，自己的笔摔坏了怪家里桌子太大，题做不出来怪小弟把他头吵昏了。在学校，考试没考好是老师题出偏了，笔记记错了是座位离黑板太远，球赛输了是队员太笨。总之，无论在哪，出了问题都是别人的错。他整天怪这怪那的，同学都渐渐疏远了他，朋友也离开了他，家人也总训他，他自己更是少有心情愉快的时候，感觉总是气愤难平似的，后来干脆消沉下去，抱怨自己命苦，遇到了不理解他的亲人和朋友、不讲理的同学老师、不公平的机遇和条件。唠唠叨叨中他精神萎靡不振，学习成绩也日渐下降，问题越来越多。

训练指导

宇实的情况越来越糟是很自然的，因为责怪别人是有弊无利的；抱怨他人只会越抱怨怨气越多。

抱怨至少有以下四种危害：

1. 它不能解决问题。为一些真实的或是想象的错误行为怪罪他人，只不过是在说过去的事情。"都是你的准备工作没做好，要不怎么会出这么大的纰漏。"而解决问题却需要想办法指导将来的行为。"我觉得下次咱们事先要准备好电池。"前后两句话一比较，我们就可以看出来抱怨是有害的，最重要的是想想今后如何避免同样的错误。

2. 抱怨会引发矛盾。人在受到责备时，常常会出于自我防卫的本能而为自己辩解。如果他们觉得指责是毫无道理的，多半会反唇相讥。即使真的做错了什么，他们也会为自己开脱。责备总会被理解成别人对自己的攻击，总会因感到自尊受损而难以接受。

3. 抱怨会使对方自信受损，尤其是对幼者、弱者。因为抱怨的话里总隐含着"你很坏""你错了""你不行""你很自私"等消极否定的意思。有些人受过刺激后凡事都怪罪自己。这些人的生活中，总是会遇到爱指责的人，如父母或教师等有权威的角色。

4. 抱怨对自己也是不利的，它很易使人形成推卸责任的习惯。明智的人在出现问题时总会明确一点：自己不会百分之百的正确，别人也不会是百分之百的错误。指责别人的时候，先想想自己都做错了什么，这才是严于律己的好习惯。所以抱怨别人会让自己无责任感，看不到自身的缺点与错误，得不到进步。

抱怨有害无益，为什么总有人爱抱怨呢？原因除了不明白抱怨的弊病之外，与人的本身特点也有关系。爱抱怨的人通常不够理性，不善冷静地分析问题，缺乏克服困难、成功解决问题的经验，个性上没有可靠的自信和坚定的意志，缺乏责任感，爱以自我为中心而不考虑别人。换一句话概括，爱抱怨与一系列的不良个性品质是互相循环促进的。

所以，我们要想办法克服老是怨天尤人的毛病。

端正几个基本认知，牢固树立关于抱怨的正确观念。怨天尤人不是客观分析问题，不能找出错误的根源。一味地抱怨是有害的（具体害处前文已分析过），最重要的是想想今后如何避免同样的错误。抱怨、指责别人或自己都是有害的，只会妨碍积极有效地解决问题。客观地分析、冷静地思考才是解决争端、处理问题的明智做法。

出现问题时，最好的办法是先问问自己："我都做了些什么？"记住没有百分之百的正确，也没有百分之百的错误。丹和上司大吵一场被解雇后，她唯的一措施就是抱怨所有的人：同事、经理、行政人员，就是不说自己。我们并不提倡自责，这同样是有害的，我们提倡的是对自己的行为负责："如果我不这样做，结果会不会好些呢？"这样的自我反省会很有收获。

找问题的根源。问题出现了，我们先别想："到底是谁的错？"你要解决问题，就该首先想："该怎么处理？以后如何才能避免同样的情况？"比较这样两句话："这场网球赛输了，都怪你总往前跑！""下次我们应协调好战术。"你觉得哪个更好？

置换角色法。即使是别人的错，即使无法挽救，你忍不住想抱怨时，你也该节制自己，而去使用角色置换法。你想象一下自己如果是对方，他或已认识到错误正在内疚自责，或茫然等人点拨帮助，就是不想听你的一味抱怨。站在他人角度考虑一下，按你扮演的角色期望的去做，诚恳地去分析，委婉地去建议，你会发现他能轻易地接受并对你倍添好感。

退一步海阔天空

他是家中的宝贝疙瘩，父母、祖父母、外祖父母都以他为中心，他要什么有什么，越不让他要的东西他越要，一定得满足他的要求。7岁时，他要买第三个变形金刚，父母不让，他就开始用哭闹、踢咬、摔东西来威胁，但是这回父母铁了心，就是不给他买。哭闹不见效果，他就以不吃饭相威胁，父母心疼了，只好给他买了变形金刚。在学校中，他失去了中心地位，老师和同学并不特别在意他，为了吸引他人的注意，他不是用优异的成绩来达到，而是用和别人对着干的手段来达到目的。别人说东他偏要说西，不守纪律的现象也时常发生。老师让周一交作业，他偏偏不交，还振振有词："我能交也不交，看他能把我怎样？"后来，老师对他失望了，也不催他的作业了，他索性再也不交作业了。集体活动中，他也总是提出反对意见，时间一长，集体活动也不让他参与了。他跟其他同学也经常发生争吵，老师越批评越严重，他的人际关系也相当差劲：男生不跟他玩，女生不理他。于是他采用破坏手段来发泄不满。瞅无人时，打碎教室的玻璃，撕坏同学的书、作业本，弄脏同学的椅垫，拔掉老师自行车的气门芯，扎坏车胎。后来在他又一次扎车胎时，被同学当场逮着，老师们非常气愤，给了他严重警告处分。他不思悔改，仍常犯错误，终于在一次打架中，把他人打成重伤，进了少管所。

训练指导

　　他的教训在于青少年易犯的错误——对抗。对抗是由对抗心理产生的。一个人经常出现对抗行为，则对抗已成为其个性中的一部分，这将会给一个人的成长带来严重危害。对抗是学生遭受挫折引起强烈不满时表现出来的一种反抗态度。有对抗倾向的学生，往往将老师、同学、朋友的批评、帮助等理解为与自己过不去，认为周围的人都在轻视自己、伤害自己，与自己作对，因此极为不满。他们轻则置若罔闻，重则报复、破坏。他们经常在班级里做些教师所不高兴的事，搞些恶作剧，有的甚至以对其他同学的戏弄或殴打为乐。在家中，则一切以己为中心，方能平安无事。对抗的性格缺陷如果不及时矫正的话，就容易发展成人格障碍，如反社会人格和被动攻击型人格。另外也可以引起各种心身疾病。

　　对抗产生的原因主要有以下几种：

　　1. 家庭教育方式不当。父母以满足孩子的各种要求来消除其不满情绪，滋长了"我的要求必须得到满足"的专横想法，得不到满足就采用对抗行为，父母只好屈从，这就更强化了他的对抗

心理，"对抗就能得到我所要的"。

2. 家长、教师不懂得青少年的心理特点，不理解他们的需要，不能正确地对待他们所犯的错误，处理方式简单，使矛盾和冲突激化起来。

3. 少年特有的半幼稚、半成熟特点，使他们看问题容易产生偏见，以为与老师、家长、同学对着干表明自己坚强、勇敢和不屈不挠，是一种英雄行为等。

4. 自尊心过强。青少年非常关注别人对自己的评价，而且非常敏感，生怕别人说他不好，一旦听到不好的评价，心里就非常难受，马上予以反击，这也是产生对抗的常见原因。如两位大学生为争电视频道而大打出手，受领导批评的年轻人拿着匕首找领导算账等，都是为了保住面子。

5. 不良认知。过去经验使他认识到对抗可以获得许多好处。因此，一遇到类似情况，马上表现出相应的对抗行为。因为他们相信"软的怕硬的，硬的怕横的，横的怕愣的，愣的怕不要命的"这样一个信条。

不合理的对抗行为是人人都不想碰到的。如果你常常无缘无故地攻击他人，或者经常为一些小事大发雷霆，或者对人态度生硬，或者强迫别人干他们不想干的事，或者经常用拖延、不合作态度发泄自己的不满等等。那么就有必要考虑对你的行为进行调整了。

对由不良个性引起的对抗行为，咨询心理学一般采用下述方法进行调整：

1. 纠正不良认知。

通过分析找出自己不合理对抗行为产生的原因以及错误的

思维方式，加以改正。如从经验中认识到"对抗可以获得好处"，就要想到有些事情即使采用对抗也解决不了，反倒会给自己带来不良后果。再想一想，自己用对抗获得的好处对他人来说是否是正当的，自己的对抗给他人造成多大痛苦。要清楚认识到这种行为不仅极大地挫伤他人感情，影响人际关系，而且会使自己陷入孤立无援的境地，造成严重身心伤害，并以此唤起摆脱的决心和毅力。

2. 自尊要恰到好处。

自尊心过强实则是一种自卑心理的表现。因怕别人了解他的短处而极力掩盖自己的不足，所以当别人触及时，就觉得受到了莫大的侮辱，以致引起了对抗。这种不让别人指出自身缺点的自尊是不恰当的。指出自己的缺点，可以使我们更加全面地了解自己，自己以后努力也有了方向。因而我们应该感谢别人的直率和真诚。如果单纯地保护自己的自尊心，只想听好话，不容逆耳之言，对别人的批评和指责不分青红皂白，马上予以反击，这对个人的健康成长是极为不利的。再者，同学之间、同事之间相处久了，拿某人的弱点开一些不过分的玩笑，是很正常的事。如果你能利用别人的玩笑，对自己的缺点和不足采用幽默风趣的态度，借以自嘲，不但可以活跃气氛融洽关系，还可以显示你宽宏大量的风度，不必把一切批评、指正都当做恶意的，否则没有人会告诉你哪儿不足了，你也别想得到提高了。

3. 行为重塑。

这是最积极的方法。即针对自己不合理的对抗行为、对抗心理找出相应合理的表达方式，然后依据合理的表达方式积极进行训练，直至形成良好的行为习惯，凡事都能以一种友善的态度对

待。"退一步海阔天空。"如为了一点儿小事将大动干戈时，你就要反复告诫自己："为了这么一点儿小事，不值得。"如果真的受到不公正的待遇，那么你可以采取正当渠道去解决，即使解决不了也不要采用报复手段，要顺其自然。

换位思考可消除固执个性

　　《飘》是美国一本畅销的爱情经典小说。看过此书的人，谁也不会忘记郝思佳。这不但是因为她的漂亮，她的坚强，她的任性与自私，更主要的是她曲折的爱情。由于她的漂亮，她坚信卫希礼爱她，可当她得知卫希礼竟与其表妹订婚后，大失所望。但她不愿承认这一事实，因而不顾一切向卫表露心意，挽回无望之后，她只得迅速地嫁给第一任丈夫，内心里却始终不能忘怀卫希礼。之后经过三次婚姻，遇到了白瑞德，深爱她的白瑞德一次一次包容迁就她对卫希礼的爱与思念，她却不屑一顾，一直追求卫的爱，直到卫告诉她，他不爱她，不敢告诉她只是因为怕伤害她，她还是不信。直到白瑞德在痛失爱女伤心绝望下离开她的时候，她才发现自己多么需要白瑞德，她真正爱的是白瑞德，她对卫希礼只是多年来的占有欲，她不甘心失败，因而一直忘不掉他，一直渴望拥有他，她却把这误以为自己一直爱的是卫希礼，因而不去珍惜白瑞德对她的爱，但为时已晚。

郝思佳所犯错误的一方面便是固执，她固执地认为卫希礼爱她，固执地认为自己爱的是卫希礼。

训练指导

固执是青少年常见的个性特征。主要表现为不听劝阻，认死理，爱钻牛角尖，不承认错误，一条道走到黑，易和他人陷入激烈的辩论中，什么事情一定要争个是非明白，总认为自己是对的，因而当别人说其固执时，他反驳为："怎么是我固执呢？你们不跟我争我能争吗？你们要是不固执我怎么会固执呢？你们非要跟我争辩我才争辩的。"

固执的人由于永不承认错误，即使错了也嘴硬，会找一些客观的理由推脱，因而易招致周围人的反感，导致人际关系紧张；又由于不听劝阻，常易犯错误，错过机会，影响学业和工作，甚至影响爱情、婚姻、家庭，进一步又影响了个性发展，形成孤僻的性格，从而导致偏执型人格障碍。

每一个人在某一方面都不同程度地带点儿固执，这是正常的；不正常的是在各方面都存在严重的固执。严重固执的产生主要有以下几方面原因：

1. 放任的家庭教育。

父母过分宠爱孩子，孩子要什么给什么，说什么是什么，养成说一不二的个性："我要的必须给我。""我说得对就是对的。"父母不批评孩子，即使错了，也只是替他弥补过来，而不让他说

"我错了"，从小没有获得承认错误的经验，因而认为自己永远是对的。

2. 受父母影响。

父亲或母亲固执，给孩子造成不良影响。父母是儿童的第一任老师，男孩易认同固执的父亲，女孩易认同固执的母亲。

3. 过去经历。

可能自己在学习上一直优秀，因而对自己充满了自信，偶尔做错一道题也不承认自己错，认为我就是对的。

4. 过分自卑。

害怕承认错误后，没有威信了，说话没人信了。怕人怀疑自己的才识，没面子，因而固不认错。

5. 对抗。

有时固执的人也知道自己的想法或做法不对，但对劝导自己的人有意见或不满，而不愿让其以为自己是听对方的，因而来个不理不睬。"我就不听你的，你能把我怎么的？"

克服固执的方法主要有：

1. 认识固执的本质。

固执的本质其实就是两个：一个是就认为自己对；另一个是怕没面子，失去自尊。

人不可能总是对的，个人可能由于知识、能力的有限，在有些问题上判断出错误而不自知，尤其是青少年，因而多听听成年人的劝告是有益无害的。考虑不同意见往往是我们避免重大错误的最好机会，许多人就是因为听不进别人的劝告而葬送了自己的一生。另一方面，死不认错不但不会保护你的尊严，反而会使你更没面子，让人觉得你固执，死板，小心眼，无可

救药，缺乏做人的度量，这样对你的印象会更坏，以后不会再向你提任何意见，甚至不愿与你深交下去。假如有一天，别人对你说："错了吧？当初不听我的，这下好了。"你岂不更加没面子？如果你能勇于承认错误，善于接纳他人意见，会使人认为你谦虚好学，尊敬他人，因而人们会更愿意与你交往。

2．欢迎不同意见。

一个肯花时间表达不同意见的人，必然和你一样对同一件事或人非常关心。这说明你们有共同的兴趣：如果你把他当做要帮助你的人，或许你们可以成为朋友。"你对这件事也关心，这说明咱们有共同的兴趣，太好了，咱俩一起研究，看谁的对。"当发现自己错了而对方正确时，一定要主动地承认错误，并真诚地感谢对方："太好了，你帮助我避免了一次重大错误，非常谢谢你，希望以后多多指教。"

3．学会角色互换。

角色互换就是站在对方的角度设身处地地为别人着想，也就是说"将心比心，以心换心"。生活中，当我们想以自己的固执去改变他人的固执时，角色互换显得非常重要。试想，一个在旧社会受尽苦难的人，能说服一个现代青年不注重穿着打扮吗？一个出入于高级宾馆的小伙子，能说服他面朝黄土背朝天的父亲，每天干完活之后去冲个澡吗？一个传统观念很强的母亲，能够说服现代观念很强的女儿不去当电影明星吗？遇到这样的情况就不要硬去说服彼此了。

4．找自己信得过的老师、朋友，征求他们的意见。

当你与对方不相上下、谁也不让谁的时候，你就可以将事情、问题告诉你的老师、朋友，他们必须是你信得过的，并将你的判断或处理方法告诉他们，让他们看看你是不是对的，该怎样处理才最好。

上进心不等于争强好胜

　　佳明是个上进心很强的孩子，从小父母就很以此为自豪，他们常常不无得意地说："我们从来不要求他。可他自己要强，无论什么事都要拿第一，有个100分他是99.5都不干。"可是，随着年级的升高，佳明却越来越苦恼，大家几乎看不到他的笑容了。一方面，他越来越体会到"山外有山，人外有人"的道理，他的第一越来越难保，有些竞赛他费尽心机也只得个第三名，这与他的"胜利、领先、做第一"的人生观相抵触，他很难平衡了；另一方面，他出名的争强好胜使大家都避讳他，他也确实很难容忍别人超过他，因此他的好朋友很少很少，他越来越感到孤独。可是他的争强好胜依然克服不了，只要有聚会他就必须成为中心人物之一，只要有他参加的比赛，他就必须是胜的一方，每一分好像都成为他性命攸关的大事。这些矛盾和冲突越来越强烈地困扰着佳明。

分析佳明的个性，他认为凡事都要争第一，像这样好胜心极强、非胜不可的人是不会生活如意的。"尺有所短，寸有所长。"是人就会有不完美的地方，而他却认为第二名和最后一名没什么差别，世界上只有胜利者和失败者两类人。他的信念是："获胜不是全部，而是唯一"。

这种信念的具体弊处有哪些呢？

1. 体察不到真正持久的快乐。

他们在达到目标后，仍然无法停下来，享受一下胜利的喜悦。而且，他们视每个人为竞争对手，因此就不能分享与人合作的愉快了。他们的世界中只有竞争、冲突和矛盾，很容易发展成为野心勃勃和充满嫉妒的人。

2. 破坏了人与人之间的相互信赖和团体精神。

人在群体生活中才会体验到自我的价值和生活的乐趣，而过于好胜的人在人际交往中常常失败。一般人很难与他们亲近，总是与他们敬而远之，不加信任。因为他们总充满敌意，担心自己的地位是否牢固。他们常会发现他们最喜欢的人最不愿与他们打交道。

3. 会助长人的不安全感和压倒别人的执著愿望。

人的很多不良个性品质和心理障碍都与此有关，如自负、自卑、多疑、抑郁、嫉妒、自私等等。无论是幸运地保持第一的成就，还是受到了挫折从第一的宝座上跌下来，都可能会导致不良个性心理的产生。

怎样才能使自己的"上进心"保持适度呢？主要是纠正以下一些非理性认知：

1. 我不可能总是那唯一的一个。

这是首先必须明确的观念。努力培养自己形成达观的人生态度，能心平气和地看着别人获得比自己好的成绩。在目前科技高速发展、知识高度分化的形势下，即使你精力再充沛，即使你再多才多艺，"逢争必赢"也是不可能的。

2. 我有很多不如人的地方。

承认这一点，必然要求你有勇气承认对方有比自己更高明、更优越的地方，从而形成客观而实事求是的自我认识。具体操作时你可以制作一个表：优点和缺点，一项项列出来，并在每项后列上理由即"证据"，可以找了解你的亲人或朋友帮助你。

3. 适度地竞争能促进进步。

合作可以带来相互关心和相互体贴，两者相融才会赢得持久的幸福。

你能力强，愿意独立工作，可是你如果能带领他人工作，与他人合作成功，你就会在共同取得成绩时得到朋友。总是不留情面地打败别人有悖于真爱和友谊，想清楚为争第一而与人为敌会有什么样的后果。别人都能遭受失败，我也可以承受，不要为了自己的成功而失去了善良、慷慨、热情和信任，失去了和谐人生的源泉。

4. 证明自己的价值或能力，取胜不是唯的一途径。

为了取得最佳社会效应，我们应该重新认识一下目前的胜败观，建立一种全新的合作与成功的观念。你技压群芳是值得人佩服的，可是你能促进他人进步，虚心与他人合作，就更难能可贵了。竞争有利于激励上进，提高质量，不甘落后，但合作才是人类价值的真正体现。不是任何一个出色的人都能在工作中成功地与人合作、从团结中得到乐趣的。因此，从某种意义上说，合作才是人类价值的真正体现。

有"获胜瘾"的人们，"友谊第一，比赛第二"，这是人类至为颂扬的最高境界！最后让我们以一个发人深省的小故事，也是真实的事，作为本篇的结尾：国外一位心理学家来中国做了一个实验。他给4个孩子每人一条可以用线牵动的纸锥，把4个纸锥放进一个可以从侧旁注水的瓶子，瓶口狭窄得每次只可以拉出一个纸锥，这时要求水未淹到纸锥前把4个纸锥安全拉出瓶子，可时间有限，因为一说"开始"，就开始从瓶底向内注水。第一次，这4人为一组，他们合作地排了顺序，顺利地依次把纸锥及时拉了出来。而当心理学家宣布"谁先拉出来谁第一，可得到奖励"时，这4人不再轮流按顺序拉线，而是争先恐后互不相让，所有纸锥挤在瓶口全部被淹。

平和的心态会创造奇迹

训 练 内 容

　　高二的晓倩生活在一个没有欢乐的家庭里。从小父母对她十分苛刻，凡事必须按他们的意见办，稍不如意便横加指责。在她的记忆中，似乎从未听到过父母对自己的肯定和表扬。长大后，晓倩对自己要求极严，事事追求效率和完美。在学习上，常给自己制定最高的标准，把时间安排得紧紧的，不留任何余地，结果常事与愿违，欲速则不达，使她内心充满了失败感。特别是近来，看到同学们加劲地学习以迎接明年的高考，她更是心急如焚，但学习成绩却每况愈下，常常连作业也不能完成。在人际交往中，她几乎没有一个称得上要好的朋友。班上的王露见她很孤单，曾主动热情地与她交往。每逢她过生日或赶上节日，则送她一些礼物以示祝贺。然而她似乎并不很在意，也很少说感谢的话，甚至也没有想过应礼尚往来给对方一点什么。然而，她对别人的要求也是蛮高的，对王露稍有不满便对其横加指责。后来，王露见此情景也只好退避三舍了。

时间一长，晓倩因学业的失败和人际关系的紧张而备感苦闷和失落。为什么自己在苦苦的追求中却总是达不到理想的目标？她着实为自己的现状百思不得其解。

训练指导

不能容忍美丽的事情有所缺憾，是一种普遍的心态，对许多人来说，追求尽善尽美是理所当然的。他们从未想过，正是这种似乎无关紧要的生活态度，给自己的生活带来了巨大的压力。如果进一步分析，有些渴望完美的人是出于一种自我保护的需要。心理学家指出，安全感是人的最基本需要之一。假如一个人缺乏自信，生活上屡受挫折，那么他的安全感就受到了伤害，这种伤害需要通过其他途径来加以补偿。无须仔细观察就可以发现，生活中每干一件事就想把它做得完美的人，并不是一个强者。恰恰相反，这些追求完美者企望无瑕疵的结局，只是想把自己保护起来，免受他人的指责和讥讽。

心理学研究证明，试图达到完美境界的人与他们可能成功的机会，恰恰成反比，追求完美给人带来莫大的焦虑、沮丧和压抑。事情刚开始，他们就在担心着失败，生怕干得不够漂亮而辗转不安，这就妨碍了他们全力以赴去取得成功。而一旦遭到失败，他们就会异常灰心，想尽快从失败的境遇中逃避出去。他们没有从失败中获得任何教训，而只是想方设法让自己避免尴尬的局面。

具有这种性格的人，在日常生活中通常带有以下六个特点：①神经非常紧张，以致连一般的工作都不能胜任。②不愿冒险，

生怕任何微小的瑕疵损害了自己的形象。③不能尝试任何新的东西。④对自己诸多苛求，毫无生活乐趣。⑤总是发现有些事未必圆满，于是精神总是得不到放松，无法休息。⑥对别人也吹毛求疵，人际关系无法协调，得不到别人的合作与帮助。

很明显，背负着如此沉重的精神包袱，不用说在事业上谋求成功，就是在自尊心、人际关系等方面，也不可能取得满意的效果。他们抱着一种不正确和不合逻辑的态度在生活和工作，他们永远无法让自己感到满足，每天都是焦灼不安的。

只求完美，害怕失败，只能使我们处于瘫痪的境地。如何从追求尽善尽美的诱惑中摆脱出来？专家的建议是：

对自己的潜能有个正确估计。既不要把自己的能力估计得太高，也不必要过于自卑。有一分光发一分热。你如果事事要求完美，这种心理本身就成为你做事的障碍。不要在自己的短处上去与人竞争，而是要在自己长处上培养起自尊、自豪和学习工作的兴趣。

重新认识"失败"和"瑕疵"。一次乃至多次的失败并不能说明一个人价值的大小。仔细想一下，如果从不经历失败，我们能真正认识生活的真谛吗？我们也许一无所知，沾沾自喜于愚蠢的无知中，因为成功仅仅只能坚定我们的信念，而失败则给了我们独一无二的宝贵经验。人只有经受住失败的悲哀才能达到成功的巅峰。亡羊补牢，犹为未晚。更不必为了一件事未做到尽善尽美的程度而自怨自艾。没有"瑕疵"的事物是不存在的，盲目地追求一个虚幻的境界只能是劳而无功。我们不妨问一问："我们真的能做到尽善尽美吗？"既然不能，我们就应该尽快放弃这种想法。

请你为自己确定一个短期的目标，寻找一件自己完全有能力做好的事，然后去把它做好，这样你的心情就会轻松自然，行事也会较有信心，感到自己更有创造力和成效。实际上，你不追求出类拔萃，而只是希望表现良好时，你会出乎意料地取得最佳的成绩。目标切合实际的好处不仅于此，它还为你提供了一个新的起点，能使你循序渐进地去夺取事业上的桂冠。同时你的生活也会因此而充实起来，变得富有色彩，充满了人情味，并不像你原来所想的那样暗淡。